连接更多书与书,书与人,人与人。

# 活得 优 秀
# 爱得 优 雅

温暖小武 著

当代世界出版社
THE CONTEMPORARY WORLD PRESS

## 图书在版编目（CIP）数据

活得优秀　爱得优雅 / 温暖小武著．-- 北京：当代世界出版社，2018.10
ISBN 978-7-5090-1394-6

Ⅰ．①活… Ⅱ．①温… Ⅲ．①女性－修养－通俗读物 Ⅳ．① B825.5-49

中国版本图书馆CIP数据核字（2018）第108215号

**活得优秀　爱得优雅**

| | |
|---|---|
| 作　　者： | 温暖小武 |
| 出版发行： | 当代世界出版社 |
| 地　　址： | 北京市复兴路4号（100860） |
| 网　　址： | http://www.worldpress.org.cn |
| 编务电话： | （010）83908456 |
| 发行电话： | （010）83908409 |
| | （010）83908377 |
| | （010）83908423（邮购） |
| | （010）83908410（传真） |
| 经　　销： | 全国新华书店 |
| 印　　刷： | 北京宝丰印刷有限公司 |
| 开　　本： | 880mm×1230mm　1/32 |
| 印　　张： | 8.5 |
| 字　　数： | 200千字 |
| 版　　次： | 2018年10月第1版 |
| 印　　次： | 2018年10月第1次印刷 |
| 书　　号： | ISBN 978-7-5090-1394-6 |
| 定　　价： | 45.00元 |

如发现印装质量问题，请与承印厂联系调换。
**版权所有，翻版必究，未经许可，不得转载！**

# 序

## 来这里温柔治愈，去世界所向披靡

很多人，都想拥有一间属于自己的小屋，里面有温馨的绿植，温柔的猫咪，还有温情的灯光，像丝绒一般，温软、细腻。

所以，我写下这本书，试着用文字，为你搭建一座小屋，在这个温暖且文艺的居所，陪你念着故事，想着心事，让你放松和休息。

这些故事，这些思绪，飘然入夜，一如柔风细雨。

我们一起读着，一起想着，有时活跃，有时沉静，在自己的故事里体会别人，在别人的故事里回味自己。

这些故事的主人公，有她们的迷茫与孤寂。但是，她们终将安然美好，既不害怕学业的重负，也不担心职场的压力，更不会因为挫折，而辜负爱情中的温柔欢喜。

她们选我所爱，爱我所选，爱得真实而有力。她们懂得，保持自己独一无二的精彩，才能与最终的幸福，不期而遇。

她们也有求而不得的困惑，有秘而不宣的遗憾，但她们仍然可以风行天下，披荆斩棘，诸般忧伤不值一提。

她们心怀柔韧，身佩潇洒，扬眉浅笑，看浮云飞渡，听江湖夜雨。

她们像我，也像你。

在生活中，在爱情里，也许我们并不完美，但我们会做得越来越好：会谋生，也会谋爱，懂得争取，也懂得放弃。

虽然不能永远如意，但是不会永远低迷。我们曾经无所适从，我们终将无所畏惧。

在我们的力量面前，再声势浩大的伤感，也会逐渐柔缓、平静，变成滋润心田的清溪。

我把这一切，有关青春的能量，有关生活的轨迹，用一篇篇文章记录下来，就写成了你面前的这本文集。

人们常说，写作的过程，就是一个获得能量，认识自己，与真我相逢的过程。

是啊，正是写作，让我可以慢慢充盈勇气，缓缓丰盈内心，遇到更好的自己；更幸运的是，写作让我遇到了可爱的你。

愿我们走进这本书，这座文字建成的小屋，在此相遇，在此相聚，得到温暖和治愈，积蓄锐气。

一起在小屋里，恢复元气休养生息；一起去小屋外，款步天涯所向披靡。

一起努力生活，带着爱与执念，在名为梦想的路上，活得热气腾腾，生机勃勃，倾尽所能，用尽全力。

愿我们从不安于宿命，从不归于凡尘，活得优秀自由，爱得优雅自在，深情以赴酣畅淋漓，让世界看到最好的自己，向未来真心相许。

你的真诚必有回报，你的真爱必有回响，你的勇气里，藏着自己的好运气。

亲爱的，这个世界，定然会宠爱最美的你。而你的美好，终将让人望尘莫及。

**温暖小武**

2018 年 8 月

目录

序
来这里温柔治愈，去世界所向披靡

PART 1
让自己美丽，是优秀的态度

你的容貌里藏着你的爱情　003
亲爱的，别让爱情消耗你的美丽　010
你这么优秀，千万别输在不会穿衣服上　017
越爱折腾的人，生活越有趣　026
你若不自律，谁能替你健康　033
不要在最好的年纪吃得最胖，活得最便宜　040
长得漂亮是优势，活得有趣是本事　046
只有优秀，才会被这世界温柔以待　056

# PART 2
## 让自己淡定，是优雅的气度

是因为幸福才结婚，不是因为结婚才幸福　065

爱得深爱得早，爱过之后不打扰　072

我不喜欢这世界，但我喜欢你啊　078

主动来找你，才是在乎你　085

早点遇见你，余生都是你　092

深情不及久伴，分手无需多言　099

男朋友喜欢联系前女友，怎么办　109

远离爱情中的"优质渣男"　115

# PART 3
## 让自己勇敢，是优秀的风度

爱情里我不愿输，但我输得起　125

哪怕失恋，也要有型有款　131

爱情只有回不去，没有什么过不去　136

前男友的婚礼　144

对不起，我不等你了　149

第一批九零后，已经不敢再爱了　156

爱对了是爱情，爱错了是青春　163

愿有岁月可回首，且与吃货共白头　171

暧昧无边，回头是岸　180

# PART 4
## 让自己成熟，是优雅的温度

到底应该拼事业，还是顾家庭　189

真爱你的人，一定不会做这件事　195

请不要把时间浪费在别人的生活里　204

你为什么不发朋友圈了　212

选丈夫的时候，挑的是男人的什么　220

生活中，你是"聪明的懒人"吗　227

这三点，决定了你的人生高度　236

长大后才明白的三个道理，让你少走十年弯路　244

生命的最大意义，在于丰盛华美的过程，在于不同凡响的经历，在于真正活成自己想要的样子，和喜欢的一切在一起。

# PART 1

## 让自己美丽，
## 是优秀的态度

你是优秀的女子，

内外兼修，

灵魂和脸蛋都好看。

愿你有趣又自律，

在精彩的生命里，

尽情努力，

尽兴体验，

美成一道风景线。

SHOW YOUR BEST TO THE WORLD

如果你照镜子的时候，看见你变得越来越美，你就找对人了。如果找错了，就要放手。

相由心生，相随心转。一段爱情好不好，照照镜子，就知道了。

幸福的爱，能让你容光焕发，元气满满。

## 你的容貌里藏着你的爱情

### 01

我的同学小晴,曾经有过一段糟心的恋爱。

男友潇洒多才,会说甜言蜜语,可是小晴却找不到幸福感。因为男友曾经劈腿两次,让她每天的生活,变成狗血连续剧——正宫斗小三。

而在小晴大费周章,斗跑了第三者之后,男友也没有收敛。

平时,他很会聊也很会撩,手机上常会跳出暧昧的信息。但他却漫不经心地说:"那只是普通朋友,我只是逗她们玩。"

他不认为自己做错了什么,对于他来说,暧昧就像味精,缺了它,生活的盛宴,就不会滋味新鲜。

小晴总是担心,男友会再次出轨。于是,稍有风吹草动,她就十分紧张。她焦虑烦恼,彻夜失眠,像是枕戈待旦,随时准备开战。

她心里好像装满火药,有着一触即发的愤懑。他一跟别人暧昧,两人就会吵到地覆天翻。

可是，争吵、劝说和央求，都不能让他改变。她因为看不到未来，意志消沉，每天都很悲观。

这段感情大概持续了一年。而小晴的脸，就是在这一年变憔悴的。

那时，她皮肤粗糙，脸色灰暗，还挂着两个巨大的黑眼圈。她一直长斑、爆痘，无论抹什么都不管用。

人的容貌，和人的精神状态，息息相关。

曾看过一篇科普文章说，在我们开心的时候，大脑会分泌出一种叫内啡肽的荷尔蒙，能让人心情愉悦。

而在人快乐时，皮肤会加速新陈代谢，更好地吸收养分，毛孔通畅细胞紧致，面容更加美丽。

然而，在我们悲伤焦虑的时候，则可能出现内分泌紊乱，诱发或加重皮肤病，容貌就不太好看。

俗话说得好，人活精气神。一份好的爱情，会给你精神动力和身体能量，正如爱迪生所言："爱情渗入灵魂，温暖着每一条血管，跳动在每一次脉搏之中。"当你元气满满，自然神采飞扬。

而坏的爱情，不但是精神上的煎熬，也会直接影响到你的容貌，让人苦着一张脸，憔悴不堪。

小晴也想过，但还是想要继续维持这段爱情。毕竟相爱一场，各种不易。他是有错，可人非圣贤。

可是她日渐消沉的脸，却直白地告诉她，这种提心吊胆、压力山大的爱情，不值得继续纠缠。终于，她做出决定，一刀两断。

朱茵说："如果你照镜子的时候，看见你变得越来越美，你就找对人了。如果找错了，就要放手。"

你的脸,就是你爱情的样子。一段爱情好不好,照照镜子,就知道了。

好的爱情,会给你的外表丰富的滋养;而坏的爱情,对身心而言,都是一种磨难。

## 02

在那段爱情之后,小晴一个人疗伤很久,才终究复原。

这个春天,她又恋爱了。她的现任,温润体贴,工作积极,感情又专一,能给她想要的安全感。他很幽默,总是逗得她笑声不断。

于是,恋爱时,白天,她容光焕发,眼睛通明透亮,好像眸子里有两朵小小的火焰。

夜里,她一挨着枕头就能睡着,像个婴儿那样,睡得深沉、酣甜,非常放松。

皮肤的更新和修护,主要在夜晚。有了这样的睡眠质量,镜中的她,满脸胶原蛋白,皮肤细嫩光滑,就像是剥了壳的鸡蛋。

以往,因为对爱情无望,她全身都有一种无力感,整个人像散了架一样。

她总是宅在家里,脸都不洗,鬓发散乱,随便弄些垃圾食品,胡吃海塞,混混日子打发时间。

如今,哪怕累成狗,她也会精神抖擞地敷面膜,给自己做蔬果奶昔，泡花草茶，数着卡路里，烘焙甜点。皮肤得到精心护理，饮食又营养健康，脸色自然更好看。

当你在爱情里，幸福得笃定，有美好的未来可以期盼，你不但会开心得双眼发亮，整张脸光彩照人，还会好好照顾自己，内外兼修，努力保养你的容颜。

因为，你想以最美的样子，出现在他面前。

而当这份爱情让你感到不确定的时候，你会身心俱疲。思君令人老，岁月忽已晚。在反复的折磨中，你会不理妆容，满脸落寞，为他消得人憔悴，衣带渐宽。

爱情的品质，一定会影响到你的容貌，这本来也有医学上的根源。

中医学告诉我们，一个人的情感，对一个人的容貌，有着潜移默化的影响。

好的情绪，能让人身心舒畅，有益于身体的气血循环，而气血荣于面，脸自然被滋润得更好看。

如果有着不良的情绪，那么，过度思虑，则伤脾；过度恐慌，则伤肾；过度悲哀，则伤肺；过度愤怒，则伤肝。

一个人的脸，和五脏六腑的状态，紧密相连，脸部不同区域的色泽、状态，反映了不同器官的健康程度：鼻为脾，颏为肾，右颊为肺，左颊为肝。

所以，快乐相爱的时候，会五脏安康，容颜发光。

而当一份爱情总让你担惊受怕，悲愤抱怨，那就会对身体产生消极的影响，五脏不调，面容不安。

我们的容貌最诚实，也最敏感，它会告诉你，你现在经营的，是不是一份正向、积极的感情。

因为，就像我们常说的那样：人在绝望时，会"面如死灰"；忧伤时，会"愁眉苦脸"；害怕时，会"面无人色"；消沉时，会"灰头土脸"。

而当我们开心的时候，却会人逢喜事精神爽，"喜形于色""桃花人面"，呈现出最好的状态。

俗话说，相由心生，相随心转。你的容貌里，藏着你的爱情，反映了你心里最真实的一面。

03

曾经看过一则新闻，说美国的科学家研究证实，一段爱情的质量，和女人的容貌紧密相关。

如果一个男人乐观，脾气好，给另一半无私的爱，他们的伴侣就会心情愉悦，面色滋润，皮肤柔软，很少长青春痘，相貌看上去比同龄人年轻。

如果丈夫在感情中，心胸狭窄，则会让妻子内分泌失调，面容灰暗，无精打采郁郁寡欢。

粗暴爱挑剔的丈夫，妻子容易长黄褐斑，头发变白，容颜未老先衰。

喜欢寻花问柳，却又会在应酬场合和妻子秀恩爱的男人，妻子有苦难言，便会早生皱纹，面部肌肉容易松弛。

而对于男人而言，其实也是如此。

如果一个男人意气风发红光满面，在他背后，很可能有个非常好的女人在给他支持。如果他憔悴满眼，胡茬满脸，则可能情形正好相反。

古人说过，妻贤夫祸少。好的妻子，会在感情中好好经营，让男人心情爽朗，身强体健，容貌自然光鲜；反之，则会让他力不从心，苦不堪言，累得一脸黯淡。

在生活中，好的爱情，就像健康洁净的水，即使物质不丰裕，它也能让你"有情饮水饱"，让我们的身体得到补给，保持良好的循环。于是，你脸上的光彩，由内而外，自然而然。

而坏的爱情就是毒酒，虽然芳香诱人，让你牵肠挂肚，可是一旦喝下，肝肠寸断，身体与容貌，都受到极大的摧残。

真挚的爱情，能让我们的脸，呈现出健康积极的面貌。

就像表演艺术家黄婉秋，年轻时因出演《刘三姐》而一举成名，到了六七十岁，依然气色红润，姿容美丽，风华不减当年。

她就有一位恩爱有加的先生，结婚几十年，爱意如初，精心呵护她，给她温暖的陪伴。

这样的爱，便是最好的养生药膳。据说她从不午睡，每天演出七场，仍是神采奕奕，容貌明艳。

而那些没有前途、不合适的爱，则会带给我们忧郁和疾患。

就像在福楼拜的小说《包法利夫人》中，女主角嫁了不爱的丈夫，很快就憔悴苍白，心灰意冷。

后来她又陷入一段不应有的婚外感情，深受打击之后，面容冷淡，神虚气短。

当坏的爱情出现，我们的容颜，就会向我们发出警报，用它的敏感，提醒我们不要在这样的感情中泥足深陷，护我们周全，佑我们平安。

身体像是我们历史的记事本，藏着所有的记忆、创伤和故事。而身体的状态，又会反映在人的脸上。

当你对感情有疑问，有纠结，难以决断，那就不妨看看，镜子里的脸。

在感情中，你是快乐的，就必然"笑一笑，十年少"，越来越美；你是焦虑的，就可能"一日三恼，不老也老"，变得没那么好看。

当你陷入爱情，不知何去何从时，你的理智，可能会跟你辩驳；你的情感，可能会替他遮掩。

唯独你的脸不会隐瞒，它会把你的爱情状态，揭示得淋漓尽致，诚恳而又勇敢。

容貌的光鲜程度，往往跟爱情的健康度成正比。

但愿我们都能认识到这一点，用真诚的情感，去滋养身边的另一半。

同时，为了自己的健康美丽，我们也不要在变质有毒的关系中，久久挣扎，苦苦纠缠。

## 亲爱的，别让爱情消耗你的美丽

### 01

在爱情中，对的人，会激活你的能量；而错的人，会消耗你的能量。

他们总会纠缠不休，让你的心情不再美丽。

漂亮的思怡，就有这样一个男朋友。他喜欢盘问，十分多疑。所以，思怡每天都要用尽全力，安抚他的情绪。

男友经常翻她的微信、QQ和通讯记录，一边翻一边问："某某经常找你，是不是想勾引你？"

在街上，如果有男人多看了她几眼，男友就要反复逼问："他跟你什么关系？"

思怡和闺蜜出去吃饭、唱歌，总会接到他的催命夺魂连环call。她回来之后，男友还要盘问她当天的详细情况，没完没了，阴阳怪气。

平时在家，男友总要跟她黏在一起，盯着她的一举一动，十分警惕。而她去外地出差时，必须随时给他发定位，而且还要拍照传给他，详细汇报自己在做什么。

思怡很苦恼：为了跟他解释，让他放心，她耗尽了所有的力气，用完了所有的耐心。跟他在一起，她总是活得很疲惫，很压抑，每个日子，都带着暗灰色的忧郁。

但男友总是对她说："我这样做，是因为爱你，在乎你，不想失去你。"

亦舒曾经写道："异性如果爱惜我们，应该让人感觉愉快幸福。但是有时候，一些人口口声声说爱我们，我们却觉得痛苦伤心，这个时候就得警惕了。"

所以，思怡决定离开他。她不想每天都过得那么累，被束缚得浑身无力。

在爱情中，有些人不能给对方温暖的信任，他们多疑、狭隘、纠结。他们说爱你，其实，却是在消耗你。他们说在乎你，其实，却是在控制你。

他们没有安全感，没有自信心，于是，就需要你不断地耗费能量，花费时间，来抚平他们的焦虑，补偿他们的自卑。

这样的伴侣，就像是巨大的黑洞，吸走了你本该拥有的美好、快乐和活力。

乔治·桑说："能赋予我们力量的爱情，才算是一种高尚的热情。"

而消耗我们力量的爱情，则说明了对方的自私自利。

这样的人，遇见时，就该远离；醒悟时，就该放弃。

有些消耗你的人，他们无处不在，监视你的交往，绑架你的生活，侵占你的空间，让你觉得窒息。

而有些消耗你的人,却毫无存在感,他们让你一个人战斗,承担所有的责任,承受所有的孤寂。

## 02

在美剧《绝望主妇》中,有一位名叫林内特的女子。

曾经的她,一头金发,明媚潇洒,是位职场丽人。

但在几年婚姻之后,她却不复当年美貌。因为她的老公是个"隐身人",对家庭事务毫不参与。于是,单枪匹马的林内特,一直被消耗,根本没时间呵护自己。

她要独自打理整座房子和草坪,独自抚养四五个孩子,独自处理难缠的婆媳关系,还要独自搞定丈夫那阴魂不散的前任女友、露水情缘、私生女……

她干练、隐忍,为了家庭不遗余力,可是,她的老公并不感激。

他心安理得,享受她的照顾,在她忙里忙外累死累活的时候,他却喝着啤酒吃着薯片,把她的付出,看成理所应当。

于是,林内特活得很辛苦,她身体被掏空,能量被榨干,事业几度搁浅,婚姻难以为继。

好的爱情,是靠双方的付出与担当,而不是靠单方的消耗与奉献。

有些消耗你的伴侣,在身体上已经成年,但是在思想上却是一个巨婴。其心理状态,停留在唯我独尊的幼儿期。

所以,他们理直气壮地要求另一半给予,并觉得这是理所当然。

因此,这段感情,就消耗了你的全部能量,让你不再美丽,身心俱疲,无法活出真正的自己。

在感情中,滋养你的人,会让你有所提升,变得更加优秀美好;而消耗你的人,却只会给你负担和拖累,让你一事无成。而他们,却坐享其成,还会不断地要求你。

证严法师曾经说:"爱不是要求对方,而是要有自身的付出。"当你遇到那种完全不懂付出,只知道消耗别人的伴侣,就要"断舍离"。

不要期待 TA 会变好。他们那种自我中心的观念,已经根植于内心的信念系统,时刻支配他们的思想。

无论你怎么努力,也很难改变他们。就像那句老话:你无法度他成仙,他却会累你成魔。为了这样的人,赌上青春美丽,真是太可不必。

婚姻专家盖瑞·查普曼博士,曾经提出一个"爱的箱子"的理论。他说,在每个人的心中,都有一个装爱的箱子,等待着被填满。

如果对方乐于付出,你的箱子里,就会装满正面的情绪,你会觉得踏实安全，不再空虚。如果对方生性多疑，吹毛求疵，或者只会任性地索取，你箱子里的爱，就会被消耗一空，感情也就失去了生机。

是啊，爱情就应是共同努力，彼此满足，而不是一个人真诚给予，另一个十分多疑；或者一个人全力付出，另一个懒惰无比。

好的感情里，两个人都应该是对方的精神加油站；而不好的感情里，总有人把对方当成自己的能量提款机。遇到这样的爱情，一定要规避，免得耗尽自己的美好岁月、美丽情绪。

那些不会消耗你，而会滋养你的相处方式，至少应该有这两个特点：

在空间上适当独立。

心理学告诉我们，交流，是能量的流动和释放；而独处，则是能量的积蓄与储备，两者缺一不可。

在亲密关系中，我们也需要有属于自己的时间与空间，积攒元气，休养生息。

一个好的伴侣，不会像思怡的男友那样，时刻黏着你，质疑你，剥夺你的自由，消耗你的精力。

他们会有适当的界限感，尊重你的独立空间，尊重你的隐私和权利。

刘若英结婚之后，和丈夫感情浓度很高，却拥有各自独立的卧室和书房。

她说："爱情里要彼此信任，适当保持距离，尊重彼此，优雅地不去探求对方的隐私。"

作家罗兰，和丈夫十分恩爱。她也说过，他们互相信任，彼此有足够的行动自由，想做什么事，未必要向对方报备。

她可以随心所欲，逛街访友；或者兴之所至，入山听雨。丈夫不回家吃饭，她也不会胡思乱想，担心他有外遇。

她说："我们共有一个家，但两人各有自己的一方天地，互不干扰。我们共同主持家计，却又互不侵犯对方的私生活。"

这样的感情，深厚而又潇洒；这样的伴侣，亲密而又独立。

两个人，既有精神层面的依赖，又有实体层面的距离。

依赖，让他们拥有了感情的联接；而距离，让他们完成了能量的积蓄。

这样的相处，就不是一种消耗，而是一种慰藉。不是一种负担，而是一种惬意。

在行动上共同承担。

一段感情，既然是两个人共同拥有，那就应该是两个人一起努力。

很多人在感情中，都像《绝望主妇》里的林内特，自己付出很多，但却看不到另一半的参与度，找不到另一半的存在感。为此，她们感觉自己被消耗，被委屈。

如果选择一个在行动上肯承担，在感情中肯参与的人，你就不会一直被消耗，单打独斗，寂寞无比。

一个好的伴侣，一定是乐意为你做事的。无论是大事，还是小事，还是生活中琐碎的点点滴滴。

查普曼博士说："表达爱意，滋养对方的行为，其实可以是一些很小的细节。"

比如：把餐具摆在桌子上、洗碗、用吸尘器吸地、清洗抽水马桶、把水槽里的头发拿出来、擦掉镜子上的白点、清理车窗、把垃圾袋拿出去、擦拭书架上的灰、擦百叶窗、遛狗、换猫砂以及换金鱼缸的水……如果是以正面的精神来完成,那就是爱的表现。

在爱情中,行胜于言。哪怕只是一个小小的举动,都会让另一半感受到情意,感受到帮助。一个好的伴侣,会一直帮助你,和你精诚合作,同舟共济;而不会一直依赖你,让你忙里忙外,精神不济。

所以,当你遇见能给你支持,给你尊重的人,就要珍惜。他们就像温润的泉水,会滋养你,让你的能量,日累月积。

而遇见只会让你感到疲倦,感到丧气的人,就要远离。他们如同阴暗的黑洞,会消耗你,让你的精力,荡然无存。

何况,他们只懂得摄取,不懂得知恩图报,你再付出,再努力,也会被当成天经地义。

赵格羽说:"所谓消耗,是一种索取的、利用的、不懂感恩的,更没有回报的行为。因为这种消耗,让你的能量零增长甚至负增长。所谓滋养,就是为你着想,为你付出,滋养你的身心,让你更加强大,更加美好。"

岁月苦短,生活不易。这一辈子,一定要和滋润你的人在一起,和相处舒服的人在一起。而遇到消耗你的人,请尽早离开TA,离开TA带来的负面影响、消极情绪。

远离糟糕的情感体验,就是肯定美好的自我价值。美丽优秀的你,值得被这个世界尊重和爱惜。

请把生活过成想要的样子,和你喜欢的一切,相随相依。

## 你这么优秀,千万别输在不会穿衣服上

01

曾经在网上看过一则娱乐新闻:女明星被女翻译抢镜。

新闻说的是:有一次,某明星参加商务聚会,她穿着素雅的白礼服,和在场的外国朋友聊天。

为她做翻译的那位美女,身材相当火辣,又穿着一件娇艳的红色低胸裘,十分清凉,硬生生抢了女明星的镜头。

每当翻译弯下腰,跟坐着的人说话时,全场人注意的,都是翻译胸前的"波澜壮阔、起伏跌宕"。

这位女翻译,确实很吸引眼球,但她胸前一直"曝光",却让人觉得尴尬,这样的打扮不算妥当。

她的装束,容易传递给人这样的信息:快看,我很时髦,我很漂亮,我非常注重外表,心思不在工作上。

这种形象,不符合她的工作职责。翻译作为服务性的职业,一向是强调专业度,弱化存在感。

如果穿得喧宾夺主,一来不太礼貌,二来也让自己变成花瓶,

影响了专业风范。

作为翻译，进入会场，并不是来选美，而是来帮忙，这里是公众盛会，不是个人秀场，让你展示靓丽形象。

如果每次在工作场合，都穿得很夸张，囧倒一大片，以后谁还敢雇你办事，与你合作呢？这样会造成客户流失，业绩和职业生涯都会受影响，还会给同事留下负面印象。

韩国招聘网站 CareerNet 调查了 1254 位职场人士，结果发现，有 74% 的职员认为：看到穿着暴露的同事，他们会觉得对方比较轻浮，觉得自己比较窘迫，也会降低合作的愿望。

在职场里，要高标做事，低调做人；要懂得绽放光彩，也要懂得收敛光芒。

莎士比亚说："千万不要华丽而低俗，因为从衣服往往可以看出一个人。"

身为职业人士，衣着上要正式一点，穿得端庄大方，显得不卑不亢。

过分成熟，就成了妖艳；过分时髦，就成了浮夸，这当然是职场大忌。

但是，职场里，也需要一些恰如其分的成熟和时髦，来建构你的职业形象。

## 02

朋友跟我讲过他们公司的一件事。

小周和小汪在同一个部门，都有两三年的业内经验，资质相仿，能力相当。

小周很注重自己的衣着：精心选择的衬衫西裤，色泽沉稳，剪裁时尚，经过仔细熨烫，看起来整洁干练，十分清爽。

而小汪呢，也许是喜欢舒适随性，也许是想要抓住青春的尾巴，不想打扮得老成。他经常穿着宽松T恤、水洗牛仔裤、板鞋，看起来仍是学生党。

到了升职的时候，两人看上同一个位置，竞争上岗。

说实话，上司平时挺欣赏小汪，觉得他朴实善良。但是最后，上司还是把提拔的机会给了小周。

英国职场专家理查德·坦普勒曾经说："如果你想要当领导，那你首先要看上去像一个领导。"

小汪的衣着，传递给外界一个信息：他仍是一个青涩的孩子，不够成熟，难担重任。

总穿着学生时代的衣服，也给人一种感觉：他安分守己，满足现状，他的心态仍然停留在过去，没有进阶，不适应这个需要迭代、需要挑战、求新求变的职场。

作为一个领导，他的外表需要与职务相称，需要有足够的吸引力和专业度，能够代表某个部门或整个组织的形象。如果你的外表和你要承担的岗位不相符，那么，想要获得这个岗位，也就机会渺茫。

所以，职场中才有这么一句名言：不要为你目前的职位而打扮，要为你渴望的职位而着装。

虽然很多公司并没有着装规范，没人规定你到底要穿什么。但是，你究竟穿什么衣服，还是会影响你的晋升机遇，你的职业形象。

经济学家凡伯伦说："穿一件廉价的衣服，你整个人也会变得廉价。"

身在职场，千万别觉得自己满腹经纶，就可以忽略外在。毕竟，没谁有这个义务，透过你陈旧土气的服饰，猜到你的锦心绣口。俗话说得好，佛靠金装，人靠衣装，相见看衣裳。

(03)

关于职场着装，有一个流行的 TPOR 原则。四个字母，分别代表了着装所应注意的四个方面。

TPO 指的是时间（Time）、地点（Place）和场合（Occasion），而 R 就是角色（Role），是说你穿的衣服要符合你的工作定位，符合别人对你的角色预期。

时间这点好办到，无非是白天得体，夜晚随心，打扮时注意春暖秋凉。但按照地点和场合着装，则需要入乡随俗，适应你所在环境的风格和气场。

安妮·海瑟薇演过一部有名的电影《穿普拉达的女王》。

影片中,她想进入一家顶尖时尚杂志,当女主编的助手。在这里的员工,一个个打扮精致,光鲜亮丽,既有特色又有品位。

而安妮虽然能力出众,却穿着灰色的旧风衣,棕黄小外套,粗糙的蓝色针织衫,走了型的黑裤子,还拿着一个暗红的老款手提包。颜色搭配得很杂乱,材质上也显得很低档。

于是,上司和同事们,纷纷向她投来怪异的眼光。

有道是,物以类聚,人以群分。如果你的着装不符合所在地点的风格,不符合所在场合的氛围,就会显得格格不入。

所以,安妮努力提高自己的审美,以融入这里的企业文化。因为她聪明好学,很快就穿出了自己的范儿:

她会穿着卡其色大衣,配上精致的咖啡色手套,典雅又温暖。

她会穿着简约的白风衣,配上银灰的帽子和同色的包包,明快又清爽。

虽然她只是个助理,买不起太多的衣服,但是她认真挑选,让自己身上的每一件单品,都很有质感,做工精良。

于是,安妮就这样,完成了自己的衣品进阶。在她改变造型之后,所有人看她的眼神都不一样了。

上司对她赏识有加,带她出入各种重要场合,提拔她做了首席助理;同事对她从苛刻变成和气,开始愿意帮忙。原先,她就像丑小鸭,无人注意,现在却有不少帅哥,把视线聚焦在她身上……

职场里,一向讲究内外兼修。你既要有丰盛的内涵,又要有恰当的包装,才能得到最大的接纳,最好的评价。才能像安妮那样,因地制宜，真正融入你工作的地方。

英国一项调查显示：有百分之六十八的经理，希望员工跟自己穿衣服的调性比较像。大部分的员工也说，他们觉得，大家穿格调相似的衣服，能够营造更好的团队精神，带来更高水平的生产力。

所以我们总是看到，同一个机构的职员，往往打扮得很像：软件公司的程序员一起工作时，经常穿着帽衫、格子衬衫；而咨询公司的员工在一起办公时，经常穿着西服套装。

请按照你的工作地点、工作场合，选择相应的着装。风格上一定要和大家类似，品位上则可以更精致一点，以脱颖而出，得到领导和同事的赞赏。

美国时装书籍《女性的新形象》中，有一个很好的建议：

永远穿得比你周围的人，稍微考究一点、精致一点、时髦一点。人们很乐意欣赏和称赞一个比自己穿得略好的人。但如果你在服饰上超过别人太多，太过炫耀夺目，那么，受到一种微妙心理的影响，人们会感到不那么愉快，也不容易对你赞同、容忍和体谅。

( 04 )

俗话说得好：人是衣服马是鞍。一个人的衣着，能烘托出他的气场。

在职场，穿戴得体的重要性，更是不可小觑。你的服饰，能表达出你对工作的看重，对别人的尊重，更会在日常生活中，潜移默化地，塑造你的职业形象。

也许，你觉得穿在身上的只是衣服而已。但是别人却通过你全身的行头，看到了你的审美层次、专业程度，看到了你的性格和素养。

衣服绝不只是用来遮身蔽体，保暖御寒，它也是你的标签、你的名片、你的广告，向每一个遇见你的人，展示你的身份、你的品位、你的分寸和情商。

不适合的衣服，让别人视而不见，或者心生反感。而适合的衣服，却能让别人一眼惊艳，过目难忘。

最聪明的人，必然会通过服装，进行自我营销，留给别人美好的外在印象，也让人有兴趣了解你的内在涵养。

契科夫曾说："人应当一切都美，外貌、衣裳、灵魂、思想。"

你这么优秀，千万别输在不会穿衣服上。

## 越爱折腾的人,生活越有趣

### 01

小羽是我的校友,念中文系。她还进修了第二学位,学财务会计。

很多同学觉得,她这是瞎折腾。毕竟,她学的跟自己的专业没有关系。

但是小羽对财务感兴趣,所以她学得很认真,记账算账,乐此不疲。

她精力充沛,在课余时间,还去咖啡馆打工。

她在那里学了很多厨艺,后来,她煮出的咖啡,香浓丝滑;做出的点心,松软甜蜜。

充满好奇心的她,还跟店长讨教经营模式,学习日常管理。

朋友们欣赏她,但却觉得她舍本逐末,总去学那些没用的、和以后工作无关的东西。

一转眼到了毕业季,其他同学去参加招聘会,而小羽却想创业,折腾出自己的天地。

她听说，在鼓浪屿，有一家咖啡店正在筹建。店主有资金和门面，需要找个懂行的合伙人，打理生意。

于是，小羽毛遂自荐，店主对她也十分满意。因为，她是复合型人才，抵得上好几个人的能力。

她中文专业的功底，让她能写出漂亮的文案来宣传本店、提高声誉。她第二专业的会计知识，让她会核算店铺的成本与收益。

同时，她煮咖啡、做甜点的高超技术，让她能独当一面。而且，她也懂得这一行的运营流程和管理。

她当年努力折腾，学的那些"没用的东西"，现在全都变成了底气。

乔布斯曾说："你所经历的点点滴滴，将在你未来的生命中串联起来。你要跟随你的直觉和好奇，学习很多东西，这些今后都是你的无价之宝。"

正是因为能折腾、爱探索，小羽才能拥有综合实力，并抓住机遇。

最终，咖啡店的生意蒸蒸日上，作为合伙人的小羽，也过上了文艺浪漫的生活。

如今，她的同学朝九晚五，疲于奔命，她却已是有钱有闲的女子，坐在花团锦簇的竹篱下，穿着波西米亚长裙，手里捧一卷书，膝上卧一只猫，静听海潮的絮语。

虽然这种生活很舒适，有雅趣，但小羽不想永远留在这儿。

她说，她一直在研究旅店的选址与运营，自己也经常出去旅行和考察。下一站，她要去丽江开民宿，重新开始。

"你真能折腾。"我笑道。

她俏皮地挤挤眼:"越爱折腾的人,生活越有趣。"

如果你不停折腾,就会让生活拥有更多的可能。如果你不断学习,就会给生命注入更多的机遇。

你所学的每一样东西,都像是铺下的一块砖。为你的旅途,砌出更远的路;为你的成就,造出更牢的地基。

时间花在哪里,成果就在哪里。

一个平凡的人,如果一直丰富自己,一直努力折腾,就能和一个崭新有趣的自我,不期而遇,打开新的视野,拓展新的领域。

而如果你不努力,就算原先条件很好,但终将平淡无奇。

## 02

艾琳曾经是校礼仪队的美女,身材窈窕、清纯秀丽、人见人爱。

她的男朋友,家里是开私企的。毕业之后他们结婚,公婆就在自家企业,给她安排了一个闲差。

从此,艾琳过上了钱多、事少、离家近的生活。

因为她不爱折腾,不想学习,所以,她过得很安逸,每天的日程都是千篇一律:早晨进了办公室,她就开始跟同事聊八卦,说说哪个名人结婚了,哪个出轨了。

同事忙的时候,她就逍遥地追韩剧、修指甲、嗑瓜子,或者逛淘宝。然后,百无聊赖地刷着朋友圈,等待下班,同时考虑着,过一会到底要吃什么。

下班时间一到，她就晃晃悠悠地回家，路上还要买一堆美食。

这种不折腾、不费心的日子，过了三年，她的婚姻就出现了危机。

丈夫觉得，在家庭里，艾琳越来越像花瓶，跟他没有共同语言，认知不在一个层面上。

而在事业上呢，她也无法助他一臂之力。

最近，公司的财务出现很大问题，她是学会计专业的，丈夫本来指望她作为自己人，能帮帮忙，把账目理出头绪。

但是，艾琳以前学的东西早就还给了老师，后来又没给自己充电。所以，她连最基本的账务处理都搞不懂，怎么能帮丈夫分析？

丈夫本来已经累得心力交瘁，一看艾琳竟然什么都不懂，觉得十分无趣，失望至极。

于是，两人经常争吵，开始分居。

爱情，也许是精神层面的吸引；但婚姻，却有着现实层面的考虑。

男人也会累，也会需要支持。他想要的，不是包袱，而是伴侣；他想做的，不是单打独斗，而是双剑合璧。当你不能和他一起成长，一起奋斗，感情也就难以为继。

很多时候，我们习惯了无聊地度过每一天，以为这种轻松，可以一辈子持续。但是请别忘记，命运赐予的每一件礼物，其实都标着价格，只不过，有时你不需要立刻付出代价而已。

如果你不再折腾，不能进步，就会变得庸常、无趣，随波逐流，失去魅力，遇到未知的风险时，也就无法处理。

那些耽于安逸的人，就像是温水煮过的青蛙，过惯了舒适的生活，即使想要跳跃，想要突破，也会浑身慵懒毫无力气。

如果仗着自己的美丽，别人的宠爱，就止步不前，不想进取，生活就容易陷入低迷。

即使你很优秀，也要不停折腾，不停努力，人生才有更多趣味，更多生机。

## 03

林徽因是民国时期的美才女，在结婚之后，她依然没有放弃各种"折腾"。

她不想只做一个丰衣足食的娇妻，她热爱探索，在各个方面都有涉猎，都有才艺。

所以，她经常被人比喻为钻石，每一面都光彩熠熠。

她喜爱运动，会穿上英姿飒爽的骑马装，在风轻云淡的日子，去郊外骑马踏青。她骑术高超，既有策马扬鞭的潇洒，又有信马由缰的从容。

她喜欢勘测，学建筑的她，会去荒山野岭，寻幽探奇，测绘古庙的遗迹。每一次出游，都像是一次有趣的冒险，也让她收集到许多资料和数据。

她爱好写作，写小说，写严谨的历史论文，也写轻灵的诗歌散文。她不但自己写得好，而且还尝试做翻译。

她喜欢养花，在家里种了一棵海棠，几株丁香，还有粉红的马缨花。经过她的巧手布置，整个院子空气清新，花繁叶绿……

世界上，有那么多长得漂亮的女生，可她却能一枝独秀，被众人宠爱，被时光铭记。

因为，好看的皮囊并不稀奇，美丽的外表，配上有趣的灵魂，才是真正的万里挑一。

林徽因在一生中，不停地"折腾"，不停地接触和探索各个领域，为生活注入新鲜的元素。

所以，她成了有趣的斜杠青年，全身上下，都洋溢着一种蓬勃的生命力。

在生活中，如果你也能这样，保持前进的力量，不断尝试，人生就不会枯寂和乏味，而会充满张力与洒脱。

所以，好好折腾吧，活出一个有趣的自己。

请好好读书。

精读一些专业书，那是你谋生的资本，自立的底气。泛读各种学科，那会帮助你思维迭代，认知升级。

就像培根说的那样："读史使人明智，读诗使人聪慧，演算使人精密，哲理使人深刻，伦理学使人有修养，逻辑修辞使人善辩。"

读书，能让你变得更加多元和有趣，知识结构也更丰富、更立体。当你在书海里扑腾够了，有了足够的知识储备，机遇，就会青睐有准备的你。

请好好旅行。

爱折腾的人，宜静宜动，既能读破万卷，也能日行万里。

古罗马有句谚语:"世界是一本好书,不旅游的人只读了其中一页。"

世界那么大,走出去看一看,就会领略到旅游的好处:那些美好的风光见闻,既是难得的阅历,也是有趣的教育,能让你见多识广,求同存异。这样,你会观念开明,视野开阔,看事情就更有见地,做决策就更有创意。而且,背起行囊,来一场说走就走的折腾,还能锻炼你的行动力。

**请好好爱一场。**

对爱情抱持正确的态度,就不会等待宠爱,贪图安逸。你会努力完善自己,像林徽因那样,做一个丰富有趣、值得被爱的人。

爱情,会让你变得聪明细心,洒脱独立。在相处的时候,认真对待别人;在独处的时候,努力提升自己。当你不停地折腾,那些你读过的书,走过的路,爱过的人,就会潜移默化地融进你的气质,渗进你的内涵。

有朝一日,你会惊喜地发现,内外兼修的你,这一辈子,过得很值、很有趣。

生命的最大意义,在于丰盛华美的过程,在于不同凡响的经历。在于真正活成自己想要的模样,和喜欢的一切在一起。

生命不息,折腾不止。人活一世,重在参与。

越爱折腾的人,生活越有趣。

## 你若不自律，谁能替你健康

01

晓薇是我的文友。最近，她开始做自己的公众号，作息就变得很不规律。

每晚，她都会绞尽脑汁，写上几千字的原创文章，然后，她要给文章选插图、配音乐，再反复调整版式和字体。

完成当天的推送后，她还要积极回复留言，跟粉丝互动，还要关注热点事件、行业动态，准备明天的选题。

白天，晓薇还有自己的工作，晚上再这么一折腾，经常是熬到一两点才能休息。

因为缺乏睡眠，她的皮肤粗糙，脸色发黄，眼睛下面青灰的倦痕，连粉底都遮不住。

我们常常劝她，早点睡觉保重身体。总是熬夜，不是长久之计。

但是，每次她都会无奈地笑着说："我做新媒体既然起步晚，就只能比别人更拼。反正我还年轻，不会出什么问题。"

著名作家茨威格曾说："一个人年轻的时候，总以为疾病和死神只会光顾别人。"

很多人都是像晓薇这样，因为年轻，就觉得可以无所顾忌；因为年轻，就觉得自己不会摊上不幸的概率。

但是，就像历史学家司各特所说的那样，催命的镰刀常常收割青翠的谷子，和收割成熟的谷子一样。

如果你总是熬夜，拼命透支自己，死亡并不会因为你特别年轻，就对你特别顾惜。

## 02

前段时间，十四岁的俄罗斯模特 Vlada 在走秀的时候，突然倒地昏迷，从此挥别人间。

正是长时间的熬夜工作，让她代谢紊乱，器官衰竭，于是，豆蔻妙龄的她，就这样撒手而去。

前几年，媒体也曾报道：南阳十三中的初三学生云博，在上早自习时心跳骤停。

他学习勤奋，常常写作业到凌晨，每天睡不了几个小时，导致身体极度疲倦。结果，他青春的生命，就此消逝，非常可惜。

如果你仗着年轻，整天熬夜，虽然未必出现这样极端的后果，但一定会加速身体的折旧率。

生命不会跟你开玩笑，你每一天的疲劳，都会在漫长的岁月里累积起来，最后就可能身心交瘁，积劳成疾。

哈佛大学的研究人员指出，经常熬夜的人，罹患疾病的风险会提高 50%。中医理论也认为，长期熬夜，容易引起阴虚、气虚，伤及五脏。

最终，那些身体耗损太大的人，会真正明白"前几十年拿命换钱，后几十年拿钱换命"的道理。

而那些情况不算特别严重者，因为长期作息失调，五脏亏虚，也容易憔悴，可能会变成油腻的中年大叔，或者中年妇女。

## 03

想想看，真是觉得可怕啊。

在年轻时，我们确实要努力赚钱，但不能把健康当作代价；我们确实要发奋学习，但必须把健康看作前提。

哲学家叔本华说："人类所能犯的最大错误，就是拿健康来换取其他身外之物。"

那么，何不从现在开始，改变生活习惯，按时作息，亡羊补牢未为晚矣。

何必等到身体虚弱的时候，才知道惜命，才觉得后悔莫及，开始抱着保温杯喝枸杞。

你若不自律，谁能替你健康；你若不保重，谁能替你爱惜自己？

所以平时，我们就要养成良好作息。既要早睡，也要早起。

在早晨，不少人醒来时，都会贪恋被子里的温暖，不想起床。

特别是在冬天清晨，在清冷刺骨的空气中，那热乎乎、软绵绵的被窝，更显得魅力无敌。

可是，早晨赖床太久，不但会打乱作息节律，而且，错过了早餐，会非常严重地影响你的健康。

国外有一位专家妮科·克兰西，曾经亲力亲为，做过一个实验：一周不吃早餐，并天天观察自己的身体状况。

因为早上得不到充足的能量补给，妮科整天晕乎乎，丢三落四，毫无工作效率，找一份文件都要花20分钟。

没有吃早餐，让她的血糖水平降低，不但头疼欲裂，而且烦躁不安。

更糟糕的是，不到中午，她就饿得发慌，导致她午餐的时候拼命补偿自己，大快朵颐：

她猛吃奶酪、奶油、沙拉酱，吃完饭之后，还要啃饼干、吃巧克力，摄入了大量的卡路里。

吃得太多，就会犯困，于是她又喝了很多咖啡，造成晚上失眠。这样，第二天早晨起来的时候，头晕的现象就会加剧……

一个星期下来，妮科的生活变成恶性循环，陷入一片混乱，直到她重新开始吃早餐，才恢复以前的元气。

## 04

连续一个星期不吃早餐，就已经严重影响了人的健康。

如果你总是不想起床，忽略早饭，这种问题更是会日累月积。

民谚有云："贪床贪睡，添病减岁。"《吕氏春秋》中也说："食能以时，身必无灾。"

要想保证身体健康，就要早早起来，按时吃一顿早餐，给身体注入充足的元气。

那么，怎样才能早起呢？

你可以每天都在一个固定的时间起床，让生物钟形成节律，时间一到自然清醒。

你可以加入早起签到的社群，或者和朋友一起使用早起打卡的 APP 或小程序。当你知道自己不是一个人在战斗，会更有动力。

你可以把闹钟放在离床非常远的地方，这样，你必须起床，才能把它关闭。

你还可以给自己弄一些精致的早餐。俗话说，无利不起早。想要早起，就用美食诱惑一下自己。

不妨给自己准备一碗红枣银耳美容粥，温软香甜，或是放满了鲜蔬美果的燕麦片，色泽艳丽……

早点起来，享受美餐，不但能让你精神清爽，精力充沛，还能让你对生活更有掌控感，更有幸福感。

因为，在那么多人还在偷懒的时候，你就已经在清新的曙光中，愉快地开始了新的一天，时间充裕毫无压力。

你会感觉到,生命中的一切,都是那么从容不迫,井然有序,你也会觉得自己很燃、很励志,就像早起的科比,能看到凌晨四点的洛杉矶。

这样时间久了,不但你的身体会变得更健康,精神也会变得更饱满、更自信。

当你各方面的状态都好了,生活自然会日新月异,风生水起。

## 05

记得以前学企业管理时,老师曾说过,企业中的机器设备,会按照一定的间隔周期被停用,进行定期保养,维修整理。

是啊,就连铁打的机器,都不能超负荷运转,都要进行必要的保养和维护。人是血肉之躯,就更要注意作息,休养生息。

我们的未来,就是现在所有选择的结果。你自律,就是为以后的健康打下基础;你不自律,就是为以后的问题埋下伏笔。

你熬过的夜,偷过的懒,吃过的快餐,都会潜移默化地影响健康,细水长流地消耗身体。

有的人觉得,我熬夜加班,能挣钱啊,至少有足够的利益。也有人觉得,我熬夜学习,能做题啊,至少是提高了成绩。

可是,对上班族来说,身体是革命的本钱,没有本金,谈何利息?

对学生党来说,体魄是才华的载体,没有体力,谈何实力?

英国哲学家洛克说："健康，是为我们的事业和我们的福利所必需的，没有健康，就不可能有什么幸福可言。"

健康，才是幸福的根基，才是成功的前提。

在健康出现问题之前，防患于未然，总好过发现问题之后，悔之晚矣。

自律的代价，永远比后悔的代价要低。

自律一点，养成好习惯，就能为健康做储蓄；自律一点，补充好营养，就能为健康添动力。

所以，请在晚上好好休息，在早上好好吃饭，避免熬夜不睡，或者赖床不起。

《黄帝内经》中说，人要"起居有常，饮食有节"，才能尽享天年。

一个人每天的活动，一定要健康有规律。

管理学大师德鲁克曾说："如何过一天，其实就是如何过一生。"

是啊，如果你每天自律，投资健康，这一生，就会赚到幸福的红利。

如果你不自律，透支健康，那就要小心。也许有一天，那负债累累的账单，会让你还不起。

身体是自己的，且行且珍惜。

## 不要在最好的年纪吃得最胖，活得最便宜

### 01

在大学里，我们都有管不住自己嘴的时候。

学校附近，一般总有星罗棋布的饭店，热气腾腾的美食街。有骨汤麻辣烫，润滑香鲜；有山东烧饼，内层脆爽，外皮嫩软；有章鱼小丸子，金黄浑圆，里边融合了海苔的清馨，柴鱼的柔韧；还有沙拉芥末酱在舌尖挑逗，有一丝活色生香的性感……

吃完了，再来一杯细腻的香芋奶茶，打包一份酥皮炸鸡回宿舍，哇咔咔，真是美好的一天。

而回到寝室之后，半夜的时候总是会饿，你懂的，而平时在宿舍追剧，总不能游手好闲地坐在那儿只是看……所以我们又开始吃凤爪鸭脖、曲奇饼干、薯片话梅、方便面、茶叶蛋……还有室友带的各种特产。

几年下来，室友夏夏就是这样长了二十多斤的，而我虽然有瘦身花茶加持，也增肥十来斤，突破了一百大关，每天我们就在宿舍喊着说：啊大地，啊苍天，之前的衣服全部不能穿。

体重增加的最大痛苦，其实在内心，而不是外观。你每天都会听到，别人说着"一胖毁所有""不减肥、徒伤悲"的论点，听到媒体告诉你，身材好关键，颜值大过天。即使你一整天都宅在宿舍，不必受路人评判，然而，在内心深处，想到这世界满满的恶意，尴尬癌还是一犯再犯。

有一段时间，我们俩很茫然，就宅起来不出去，每天叫外卖。她忧伤她的麒麟臂，我哀叹我的游泳圈。可是后来我们明白，世界不会平白无故对你温柔以待，若想充满自信地走出去，受到大家喜欢，你要自律而勇敢。

我们俩买了瑜伽垫，每天早晨起来，在宿舍做瘦身瑜伽，柔韧身体，清理毒素，增加血液循环。每天傍晚，我们去健身房运动半小时，再去田径场走十圈，肌肉的酸痛，慢慢变成舒展。

晚上睡前半小时，我们互相督促做韵律操，然后道晚安。一到周末，我们就跑步上山。

我们关心卡路里和水果蔬菜，早晨吃脱脂牛奶加麦片，晚上吃田园沙拉，或用一个苹果、葡萄柚做晚餐。着急得想放弃的时候，心里就告诉自己，有朝一日穿上泳装，面朝大海春暖花开，嗯，总有这么一天。

三个月之后，夏夏的双下巴就没有了，而我，也不必每天在脸上弹钢琴几百下，来拯救虚肿的脸。我们重新爱上朋友圈和自拍杆，找出久违的短裙短裤，相视一笑，击掌庆贺，对镜子里的自己，很夸张地说一声：这谁家的未成年少女啊，可爱到违章。妞，你真好看。

有时，减肥就像美图软件中的清晰锐化功能，没有它，你也漂亮，只是漂亮得不明显。有了它，那就是吸睛到爆，最关键的是，你每天照着镜子的时候，你看到的不只是身材，而是坚持、励志和坦然，是对过去的自己，刮目相看。

后来我陪夏夏去海边，一个金发的大帅哥看到她，惊讶地摘下了泳镜，激动得夹杂着中英文告诉她，姑娘，你美得冒泡，辣得冒烟。

夏夏一激动，脚下噗嗤一滑，就摔进水里，这一倒，也许就是她倾倒众生的开端。

后来，她就跟这个可爱的留学生在一起了，被宠得天上地下的，围观吃瓜的单身狗表示被虐残。

## 02

夏夏是变美之后才热恋，而木子，我的合租室友，则是在失恋之后，执意想变美的。

男神无视她的痴情和奉献，而那个横刀夺爱的新女友，竟私底下和木子说，难怪他不要你，你这个黑痘丑 and 土肥圆。说的时候，昂着白成一道光的蛇精脸，摆着杨柳小蛮腰，带着睥睨众生的优越感。我们一票闺蜜，气得想上去撕她，喊一声妖孽速速退散。

木子在公寓哭了三天，三天都没怎么下床，浑身颤抖瘫软，我们软缠硬磨，逼她喝水吃巧克力，才算熬过这段时间。

木子分分钟觉得负气、冤屈，我们也替她觉得不甘心。可是，她后来说，工作后这几年，也确实是她一直管不住自己的嘴，管不住自己的作息，对外貌也疏于打理，于是终有一天，过去的放任都变成巴掌，piapiapia 放肆打脸，而情敌居然胆敢上门，blablabla 让人难堪。

而男友，也是她高中时期的亲昵同桌，学霸级帅哥，相爱七年，竟也离她而去。姑娘你信不信，有时，有的男人可以既有内涵，又有肤浅。一对恋人，既要交心，也会看脸。

在后来的时间里，她每日早晨起来，坚持喝一杯柠檬蜂蜜水，美白养颜。为了战痘，她外敷绿豆粉，内用菊花茶，清热消炎，每周做面部刮痧、磨砂，做全套面膜紧致提拉，她还提高工作效率，不再熬夜加班，于是，皮肤日渐细滑。

她开始写文章和学彩铅，时间久了，眼睛里都带着文艺清透的质感。她每晚执着地跑步瘦身，每天清晨则跑到小区花园里去练英语，因为发音实在诡异，路过的流浪猫听了，都对她翻白眼，可她从未间断。她训练嗓音、呼吸和站姿，后来不但声音变好听，气质也更俏丽柔婉。

最后，她决意复习考研。外表和内在，如果都能提升一个层次，生活自然别开生面。

苦熬一年，纵横题海书山，木子终于以英语单科第一的成绩，考进 Top10 的研究生。因为成绩优秀，人美条顺，所以开学典礼时，她被选作新生代表发言。她穿着一件旗袍，眼神欣然，黑发垂肩，裙袍上的刺绣、亮片和水钻，华丽着，闪耀着，能闪瞎任何材质的合金眼。

发言刚一结束，就有一票男生"灰常鸡冻"，凑过来要联系方式。木子一愣，因为她从中认出了前男友，他一开始根本没认出她来，她声音这么好听，外表这么好看。

原来他们考上了同一所学校。木子看着他胡子拉碴的脸，和日渐松散的腰围，只是礼貌地微笑了一下。从今往后，我的精彩，与你再不相干。

三年下来，她是 GPA 年级第一，完全碾压前男友，还没有毕业时，五个 offer 就摆给她选。

(03)

亲爱的，我们变美，不是为了恋爱，而是为了对自己更加喜欢。世界上有一门修炼终身的功课，叫做自恋。我们变美，不是因为失恋后想要报仇雪恨，而是为了告诉自己，挫折并不能打倒我，我不怕困难不畏艰险，我可以挥别过去，脱胎换骨改头换面。

好姑娘，我们变美，是为了不要辜负自己，是因为我们想要活得有趣、自律而温柔，不负青春，不负这锦绣华年。

我们变美，是为了活得贵一点。对于女生而言，最贵的就是她的骄傲，她的不依赖，有主见。爱情来便来，去便去，绝不会为了一个负心汉，低到尘埃里去，灰头土脸，滥打死缠，痛哭流涕，彻夜难眠。你可以不重视我，但我不会给自己贴上廉价的标签。

我们自己，才是自己的治愈系女神，无论生活是否会和蔼地摸摸我们的头,我们都想抱抱镜子里的自我,说一声:姑娘,我超级爱你,你无敌美丽,又那么勇敢。

我相信每个姑娘,都有自己天赋的美。虽然我们长得美,但是,我们想得更美,也想变得更美啊。

我们有自己的精彩天地,无论赢得谁的青眼,或是错过谁的世界,我们对自己,都会有一如既往的喜欢。

## 长得漂亮是优势,活得有趣是本事

### 01

小李是个漂亮姑娘,柳眉杏眼、巧笑嫣然。她身材婀娜,像模特一样,有型有款。

她家境小康,学历也不差。可她却一直单身,并为此焦虑不安。追她的男生倒是不少,但是追着追着,就没了下文。

为此,小李十分郁闷,经常问我:"男生不是都喜欢颜值高的女生吗?为什么我找不到对象,而很多没我好看的女孩,都有另一半?"

没错,男生是喜欢她的外貌,然而,却对她不来电。

因为,她每天得过且过,工作拖泥带水,生活贫乏懒散。除了网购、追剧和睡觉,她没有其他的爱好。

看起来,她活得既无动力,亦无追求,无非是混混日子,打发时间。

而且,她每次发朋友圈,都是一如既往地抱怨:

"心累,嫁不掉怎么办?"

"我好无聊,谁陪我撸串啊?"

"又到周末了,没事做,烦!"

这样的活法,负能量爆棚,别人怎么会乐意靠近?

对,这是个看脸的社会,然而,这个社会并不是只看脸。

就像我们常说的那样:身材和脸蛋,决定了别人是否想要了解你。

可是,若是觉得你空洞无味,别人就会一票否决掉你的身材和脸蛋。

谁会希望自己的另一半,思想苍白生活平淡,整天恨嫁心烦意乱?

少年夫妻老来伴,想到要和一个无趣的人,相守到老,谁不会觉得可怕?

人生之路,漫长悠远,大家都想要一个有意思的伴侣。

作为女人,长得漂亮是优势,活得有趣才是本事。把自己的人生过得精彩,才能吸引到精彩的另一半。

(02)

曾经看过一段刘若英的故事,她谈到自己的婚恋。

她说,自己也曾有过着急恨嫁的时刻,然而,过了35岁之后,心态就变得平和恬淡。

她意识到,缘分是等来的,不是急来的,与其在焦虑中自我煎熬，不如开开心心，享受有趣的单身时间。

于是，她会一个人逛街，自得其乐。

她经常一个人喝咖啡，让浓郁香醇的味道，逍遥地逗留在唇齿间。

她喜欢给自己做饭，有时，会给自己煮上一碗美味的牛肉面。面条温软，蔬菜新鲜，她坐在桌前，坐在温柔灿烂的阳光里，慢慢享受，安逸休闲。

她热爱读书，经常窝在沙发里，手捧书卷，思接千载神游天边。读到心有所感的地方，便停下来，细细品味，凝眉思索，一脸温婉。

刘若英还钟情于摄影。

她穿着清新的白衬衫、牛仔裤，拿着相机，到处拍摄，认真得忘记了时间。那沉醉专注的样子，让她优秀的老公一见钟情，非常迷恋。

她和老公都是摄影发烧友，有很深的功力沉淀。

约会时，他们总能给对方的作品提出很专业的意见。他们彼此评论，有时，温情互动蜜语甜言；有时，机智争锋唇枪舌剑。

水平上势均力敌，智慧上旗鼓相当，这样丰富又生动的女子，自然让男人觉得不凡。

闲暇时，他们骑上单车，带上相机，轻快地穿梭在北京的老街小巷，用镜头收集散落的旧时光。

饿了，就随意找一家小餐馆，坐在院落里，吃家常菜喝啤酒，笑语晏晏，气氛悠然，小圃花开，深杯酒满。

有一次他们去吃路边摊，吃得正开心时，旁边有个女孩对同伴低语：

"你看看，这个人像不像刘若英啊？"

同伴回答："确实像，但不可能啊，刘若英怎么会跑到这里吃饭？"

可是，刘若英真的就是这样，随遇而安、随和自然。她懂得高堂广厦的珍馐美味，也懂得街头路边的朴素安闲。

她的不矫情，也是一种高层次的有趣，让人觉得可爱、接地气，没有距离感，相处起来，轻松温暖。

在日常生活中，刘若英还有很多其他的爱好：写文章、唱歌、排话剧……她总是很忙很精彩，因此，恋爱时，她给了另一半足够的空间。

她不会给心上人打催命夺魂连环 call，不会整天黏人、痴缠。因为，她自己的生活，忙碌充实，她乐在其中，兴味盎然。

所以，老公急切地向她求婚，希望赶紧跟她生活在一起。

他说："只有这样，才能减轻我对你的牵挂，还有那种时时刻刻有可能失去你的担心。因为，我觉得你很享受单身生活，这真是太让我害怕了！"

而在婚后，刘若英也跟老公说，她绝不会做全职太太，她所有的工作和兴趣，都不会放下。

她俏皮地问老公："娶了一个兴趣爱好很多的老婆，你会不会觉得很亏啊？"

老公则深情对答："就是因为你这么丰富这么有趣，我才娶你的。如果把你娶回来，你就不干那些事了，只在家里给我洗衣做饭，我才觉得亏了呢。"

有趣，是一种充满吸引力的正能量，是女人魅力的来源。

乐观生活、看书充电，能让你变得有趣，因为你会精神焕发、心灵饱满。

做自己喜爱的事情，有自己深爱的工作，能让你更加有趣，因为这样，两人就不会天天黏在一起，能让你和爱人保持恰到好处的距离、恰如其分的神秘感。

你属于他，而你却有一方独立的天地，为自己所专属。你在自己的领域里，那么专注那么出色，全情投入、乐而忘返。

你那样自由洒脱，好像毫不需要他。这反而让他觉得太酷了，忍不住要问一声："Hi，能不能带我一起玩？"

## 03

古往今来，凡是有趣的女人，总是令男人惦念。

清代文人沈复，曾在《浮生六记》中，深情款款地写到他的妻子芸娘。

他们生活清贫，但是因为芸娘有情趣，日子从不会单调。他们喝不起昂贵的名茶，然而，芸娘会自制荷花香茶。

夏天，荷花初开的时候，都是夜晚闭合，清早绽放。

于是，入夜时，芸娘用小纱囊装上茶叶，放于花心，到了天明的时候取出，用清澈的雨水来煮茶。粗糙的茶叶，经过了一夜熏染，浸润了荷花的芬芳，竟变得"香韵尤绝"。

他们吃不起山珍海味，但是，芸娘厨艺极好，瓜蔬鱼虾，一经芸手,便有意外味。她还喜欢暖粥小菜、清茶泡饭,会自己DIY,做私房调味酱……这让普通的一日三餐,不再平淡。

在穷困的岁月中,夫妻俩居无定所,失去家产,还要忍受长辈的误解和责难。然而,她心胸旷达,从不抱怨自己的处境,而是努力发现生活中的美好,乐天随缘,顺其自然。

而且,她既能忍受眼前的苟且,又懂得诗和远方的浪漫。

从小,她就饱读诗书,能写出"秋侵人影瘦,霜染菊花肥"这样的佳句。长大之后,她更是博览群书,与丈夫"课书论古,品月评花",常有不俗的观点。

虽然她长得并不美,可是,经过书卷的浸染,那诗雅书香、顾盼生辉的气质,却让她的另一半,神魂颠倒,连连称赞。

她不只会居家读书,她还会俏皮地女扮男装,和丈夫出门玩耍,或来一场说走就走的旅行。

她会提议,乘上小船,感受"风生袖底,月到波心"的潇洒,也会和爱人站在山巅,看"炊烟四起,晚霞灿然"。

她还有许多爱好和特长:她懂得制作精致的标本,设计幽雅的盆景。

她会养花怡心、钓鱼休闲,擅长修复古籍字画,也善于纺织、刺绣、缝纫,心灵手巧让人赞叹。

这样一个细腻有趣的女子,自然让男人心心念念。

丈夫最初见到她时,就认定非她不娶。结婚之后,更是夫妻恩爱,绿窗酒酣、红袖添香,共谱一世情缘。

## 04

我给小李讲了这两个故事,告诉她,其实她也可以这样,让自己的日子,活色生香。

你若有趣,爱人自来。而成为一个这样的女子,并不算难。

虽说,每个人风格不同,但是,有趣的女人,大致有几个共同特点:

有趣的女人,对生活永远态度乐观。

生活中,总会有各种困难艰险,郁闷愁烦。

如果你总是容光焕发、神采飞扬,即使身处逆境,也能开朗达观。

如果你能为生活中微小的确幸欢笑欣喜,却对重大的烦恼轻松释然,那么,你的生趣盎然,就会让人忍不住想靠近。

一个总是正向思考的人,就像一个通明透亮的小太阳,有着强大的引力场,自带光环与温暖。

有趣的女人,对学习不会止步不前。

读书学习,让你兰心蕙质,既有丰富内涵,也有秀丽外观。

正如林清玄在《生命的化妆》中所言:"最高境界的化妆美容,是通过多读书多思考,使得修养提高、气质改善,外表自然会优雅迷人、卓尔不凡。"

而且,读书也能让你,不断突破自己的舒适区,不畏尝试、不停挑战。

就像主持人杨澜,在电视台做得顺风顺水的时候,毅然去美国读硕士；影后娜塔莉·波特曼，在影坛声名鹊起、如日中天之时，却选择去哈佛读心理学，承受着繁重的课业负担。

她们敢于不断地超越现状、提升层次，这份自信勇敢，让她们朝气蓬勃、魅力满满。

有趣的女人，还拥有丰富的爱好。

她们不会固步自封，而会全面发展。

就像女神赫敏，她不只是学霸，还喜欢唱歌和写日记，跳爵士舞和街舞。她获得了瑜伽和冥想导师资格证，还是出色的田径运动员……

这样的女子，会寻求生活的无限可能，跟她们在一起，生活总是新奇丰盛，不会一成不变。

世界这么大，她会引领你的目光，到处去看看。

与此同时，多元的爱好，不但完善了她们的容貌与姿态，让气质更精致，更会拓宽她们的视野和观念，让思维更深远。

广博的阅历与体验，还会让她们的眼睛，闪烁出特别的光彩，令人惊艳。

而这种内外兼修，会让她们得到的爱情，更加长远。

## 05

要知道，恋爱时，异性相吸，确实看外观；结婚后，同室相处，关键看内涵。

貌美胸大，只是有料，能引起一时的注意；聪明有趣，才是有脑，能赢得一世的喜欢。

每个人，终其一生，都在寻找那个与自己契合的另一半。

而一个有趣的女人，因为懂得多、会得多，就能让别人找到更多的契合点、更多的共同语言。

这样的女人，才最让男人眷恋，最让自己喜欢。

所以，我告诉小李，与其终日纠结为什么没有男友，不如好好修炼，让自己变得有趣。

当你拥有了这种特质，无论处境如何，你都不会焦虑茫然，而会风轻云淡。

因为，你清楚地知道，你能掌控和享受自己的生活：

一个人时，能独善其身；两个人时，能精彩无限。

有趣的灵魂　独处亦安闲

浅笑依窗　时光陶然

清音林梦　花锦芳年

## 只有优秀,才会被这世界温柔以待

### 01

我当兼职辅导员的时候,曾有个内向的学生跟我说,上了大学之后,她一直觉得非常孤寂。

以前,她不知道人际交往这么复杂,室友关系这么难处理。她也不知道,怎样才能拓展朋友圈,和别人建立亲密的关系。

她已经读到大二,可是,能说上话的人却寥寥无几。平时,在校园里面,她就是"天马行空,独来独往":一个人上自习,一个人买东西。一个人去食堂,一个人玩手机。

可是,人总是属于群体的。她多么希望被人接纳,有一群志同道合的闺蜜,一块分担忧虑,一起分享美丽。

她更希望自己交游广阔,像那些能说会道的同学一样,拥有强大人脉和广泛关系。

"可是,我跟人说话会害羞,也不善于交际。我主动过很多次,别人都很冷漠,不愿意理我。而我,也不懂别人的心理。那么,我想要人脉,应该怎么办?"

我回答："那就专注于学习。"

要知道，人脉资源也是资本。而资本，从来都会向有利的地方流动与积聚。

你能否得到人脉，不仅取决于说话技巧、交际方式，还取决于你能给别人提供什么。从远古时代起，别人给你一只羊，你就要给别人两把斧子，对等交换，从来都是天经地义的。

别人愿意跟你做朋友，自然有其中的道理。

有的人天性活泼开朗，能为别人提供欢乐情绪；有的人天生温柔细腻，能为别人疏导悲伤忧虑。而这些，你既然都不擅长，那么，不妨把自己变成一个小学霸，能为别人补数学、讲英语。

在学校里，学习毕竟是主要任务。如果你有两把刷子，可以轻松解决学习问题，哪怕你不擅交流、不愿交际，别人都会来问你，来找你。

通过这些互动，你就可以逐步构建人脉关系，逐渐圆熟社交技艺。天长地久，日累月积。

如果想汇聚人脉，对别人产生吸引力，你要么有魅力，要么有能力。要是都没有，那就先努力。

我们总是渴望，被这世界温柔以待。我们总是期许，世界能给我们很多东西，比如财富，比如友谊。

但是，天上不会掉馅饼，我们想要的东西，都要用我们自己的优秀实力，去踏踏实实地换取。

世界上，每个地方，都有值钱的硬通货或者软实力，可以拿去交换你想要的东西。

在学校里，可以是成绩与能力；在网络上，则可以是品味与才艺。

## 02

我有一位笔友,他喜欢舞文弄墨,就在文学网站注册了自己的账号,开始写文章。

一个网络写作者,总是希望自己的作品,能有足够多的点赞和粉丝,来显示自己的水平与人气。

朋友刚起步的时候,看他文章的人很少,阅读量只是个位数,于是他就很焦急。

他在网站里,急切地给其他作者发私信:"你好,请问我们能互加粉丝吗?你关注我,我关注你。我们还可以互相点赞啊!"

结果信写出去,总是石沉大海,杳无消息。这样写了几封信之后,他就恍然大悟:

一个新手应该做的,不是急于和别人建立联系,而是先打造好自己的实力。

这就像一个企业主,要做的第一件事,不是满世界递名片,而是生产出优质美观的产品,再去和别人洽谈,才会有底气。

你想做业绩,先得有成绩;你想有人气,先要有才气。酒香不怕巷子深,现在你还没酿出好酒,就莫怪别人不理。

于是他潜心研读爆文,练了三个月的笔。当他的文字逐渐老辣圆熟,也就写出了几篇热门文章,阅读量极高。

大家看了他的文章，不由分说地就点赞、关注、收藏，还有公众号的运营者找他转载，电台主播请求他授权录制文章音频，一些报刊杂志的编辑，也想把他的文章发在传统媒体上。

他受到鼓励，便继续磨炼文笔。渐渐地，他的爆款文章越来越多，也就积聚了相应的人气，成了网站的签约作者，还引起了出版社的注意。

当那一个个的赞、一个个的邀约纷至沓来的时候，他说，他明白了自己的选择是正确的。

现在，每当有新的作者写信给他，要求互相关注和点赞的时候，他也总会真诚地告诉别人："在你起步的时候，最重要的是文笔，而不是联系。"

在初始阶段，即使你到处求关注，别人也未必买账。而当你逐渐拥有了自己的实力，就像你终于造出了芳醇的佳酿，人们自然会闻香而动，口口相传。到了那时，那些赞誉，那些机遇，就自发自愿地来把你寻觅。

幸运，就像一个高傲美貌的女神。若想要她的温柔垂青，你主动表白，未必有效；急于求成，未必有意义。

但是，真正的高手，在追女生的时候，不是追求，而是吸引。我们若想要幸运的眷顾，也不必冲锋陷阵，死缠烂打；而要积蓄力量，展示才华，潜心恭候，以待良机。

等到你已经显露了足够多的优点，幸运女神才会对你温柔微笑，表示好奇。

## 03

走进书店,我们总是看到满书架的《如何做一个会说话的人》《打造黄金人脉》《教你精通社交》……似乎只要擅于辞令善于应酬,就能风生水起所向无敌。

可是,当你尚未强大,哪怕再八面玲珑,也只能去讨好这个世界。而当你已经坐拥能力,世界才会对你温柔以待,甜言蜜语。

曾有国外的一篇文章说,每个人,都有几种可以利用的能力:个人能力、职位权力、任务权力、人际关系能力和知识能力。

个人能力是指领袖魅力,这主要取决于先天个性。

职位权力和任务权力,是说你身居高位、手握重权。这好像也不是短时间内可以企及的东西。

至于人际关系能力,人人向往,但很多人不知道怎么获得。那么最后也是最重要的一条就来了:知识能力。

知识能力,是指你所掌握的专门知识。比如,你足够懂工作,擅学习;或者有其他才能,譬如工于文采,娴于画技。对于普通人来说,只要认真肯学,踏实肯干,得到这一项,比起其他项来说,相对容易。

作者在文章最后说:"你可以利用你拥有的任何一种能力资源,来建立和充实你的另一种能力资源。"

想想看,确实是这么个道理。

当你有了知识,就有更多人来接近你,于是你有了人脉。当你有了人脉,逐渐就修炼出了个人魅力。一个既有能力又有魅力的人，在职场上，备受瞩目，易获机会，最后你就有了职位权力和任务权力。

好职位和人脉网，并不是一蹴而就的东西。它们就像大学里的高阶课程，要修炼到那一步，之前总要学一些先修课程，做一些准备练习，强化能力，打好地基。

在《哈利·波特》故事里，我非常喜欢的一个设定是：小巫师去买魔杖，却被告知："不是巫师选择魔杖，而是魔杖选择巫师。"

生活中的时机，就像点石成金的魔杖。有时，你不能选择它，只能它选择你。而它选择你的时候，也要看你和它是不是匹配，你能不能驾驭得起。

所以，当我们想要拓展机遇、打造关系时，不妨先修炼自己的能力。

当你优秀了，世界才会登门拜访，对你温柔无比，而机遇，才会选择你。

# PART 2

## 让自己淡定，
## 是优雅的气度

这世界上，

总有那么一个人，

能给你静好安然。

你要找，

也要等。

感情是恰逢其时的缘分，

所有的磨难，

都是幸福之前的预演，

让你变美的历练。

**SHOW YOUR BEST TO THE WORLD**

结婚是深思熟虑的投资,不是孤注一掷的豪赌。它只能给你锦上添花的快乐,不能给你点石成金的逆转,解决一切麻烦痛苦。

## 是因为幸福才结婚，不是因为结婚才幸福

01

舒淇和冯德伦结婚时，新闻和评论里，大致是这样的内容：

"等了二十年，总算结婚找到幸福。"

"幸福会迟到，但不会缺席。"

"大龄女神结婚了，终于获得了属于自己的幸福！"

看起来，大意就是，因为女神终于嫁了人，所以她得到了幸福快乐。

在她简约却甜蜜的婚纱照中，两个人温情脉脉，四目交错，于是被喂饱了"狗粮"的我们，感动到泪眼婆娑，也感叹自己，尚未出阁，岁月蹉跎。

舒淇的婚讯一爆出，我就接到同学的一个电话：

"舒淇那么大年纪都结婚了！我也要结婚，我也要和男朋友结婚！我也要像她那么幸福！"

我哑然无语。因为在这之前，同学一直抱怨，自己的男友，

不走肾更不走心。

生活中，别的姑娘，可以享受铺天盖地的关爱，而她，面对的是漫山遍野的冷漠。

她生病了，他却跑去和朋友喝酒撸串；她出差了，他就拿着她的钱，砸给妩媚的网络主播。她要自主买房，可他想到的第一件事，不是帮忙选址，而是房产证上要加他的名字。她投资受挫，他从来只会骂她蠢，不会帮她分析问题理清脉络，重整旗鼓再来一波。

若嫁给这样的人，为嫁而嫁，谈何幸福。

婚姻改变不了你的现状，因为，结婚并不是幸福的原因，而是幸福的结果。

舒淇和冯德伦，是在漫长的岁月中，兜兜转转，逐渐发现，彼此能给予体贴温暖，爱好可以契合，观念可以磨合，所以最后他们相恋而结婚，算是循序渐进的稳妥，算是幸福之树，最终结出硕果。

但这幸福，在二十年间，也有懵懂脆弱的萌芽，也有艰辛悠久的成长，直至繁花怒放，带给两人无限的温柔喜乐。

多少人，都把结婚当成了幸福的钥匙，却不知道，结婚只是已经幸福的人，最后能收到的一份礼物，是春华秋实的收获。

我们总是喜欢幻想，憧憬着巍峨礼堂、轻灵圣乐，期待他宣誓，今生今世不离不弃，此后便能皆大欢喜，再无周折。

可是，结婚并不是获得幸福，而是宣示幸福。你幸福，是因为你已经找到好的人、对的方向，这段关系，已是水到渠成，瓜熟蒂落。而并不是因为他给你戴上闪亮的钻戒，因为你说出那句魔法般的"Yes, I do."

而且,你幸福,是因为你有幸福的能力,不是因为你有花团锦簇的仪式,有鲜红温暖的证书。

## 02

我教英语的时候,经常被学生问一个问题:

"老师,你觉得我考什么英语证书比较好?"

我就会建议他们去考中高级口译、托业,或者剑桥商务英语之类的证书。可是通常,我还没说完,有的人就会继续问:

"拿到了这个证书,可以保证我报考公务员有优势吗?可以保证我进外企吗?"

亲啊,这世界上的证书,就像凭据和信物,从来只是证明,而不是保证。就像有了传国玉玺,难道能保证坐享天下,江山永固?有了结婚证书,难道能保证坐拥幸福,爱情永驻?

不,结婚只是一个里程碑,一个驿站,而幸福,和你未来的事业一样,都是一条漫长悠远的道路。

我们努力去得到资格证书,并不能保证今后过关斩将,一路无阻,但是,在考试和复习的过程中,我们能提高水平,增强自信,进入职场,我们将不会柔弱无助,我们会获得能力,去运营自己的事业。

我们努力去得到结婚证书,也并不能保证今后一切无虞,一路坦途，然而，在争取的过程中，我们学会了爱自己，爱别人，爱这个世界，从此不再脆弱孤独，我们会拥有力量，去经营自己的幸福。

一纸证书，不是保证，只是凭证，说明了你能力的蜕变，代表了别人认可你的付出，记载了你走过的路。

可是，很多人还是认为，或者至少是期待，一结婚，就代表板上钉钉的幸福。

## 03

我们就是太看重仪式感。结婚，已经被我们当成一个符号，一个象征幸福的元素。

多年前，当歌手 Selina 结婚的时候，一场婚礼办下来，我们就觉得她幸福了，王子公主终成眷属。

当她离婚的时候，一份声明发出来，我们又说，她失去了幸福，童话里都是骗人的，我们再也不相信爱情了。

可是，结婚不代表终于幸福，离婚也不代表不再幸福。想当初，Selina 被火吻后，她和未婚夫携手走过艰辛，本来就有得之不易的幸福，结婚只代表成熟。分手后，她更是自由潇洒的，两人的相处也很自如，离婚只代表领悟。

"不结婚"和"不幸福"之间，也没有必然的因果关系。就像徐静蕾和黄立行，曾拍拖多年没有领证，但是老徐周身的气场，却圆熟、淡然、幸福。更有陈可辛、吴君如，曾恋爱长跑二十年，都没有结婚。两个人一直自信地说，相信感情，而他们的相处，也舒服和睦。

要知道，看一个人是否幸福，是看TA的精神状态，是否充裕满足，而不是结婚或不结婚，有没有那个仪式。

我很赞叹的是，舒淇有着足够优裕的生活，但她却有意弱化了仪式感，结婚操办得极为简朴。

按理说，她想要多大的场面炫耀，多大的品牌赞助，应该都不难，然而，按冯德伦说的，他们"不会有任何婚宴和派对"，她只是随性地买了小礼服，拍了一组接地气儿的朴素婚纱照，领证也很私密，没有大张旗鼓。

真正的幸福，可以不需要宾客满堂来撑腰，不需要盛宴华服来背书。幸福像人的精气神儿，是一种由内而外的光彩；而不像浓妆浮粉，一种表面文章的展出。

大家都说婚姻是鞋，你不能光管鞋面儿漂亮，不管脚舒不舒服。

所以，我告诉同学，结婚是深思熟虑的投资，不是孤注一掷的豪赌，它只能给你锦上添花的快乐，不能给你点石成金的逆转，解决一切麻烦痛苦。

如果你幸福，结婚当然很棒，但是，如果你挣扎在不合适的爱里，犹豫踯躅，那就请不要指望，结婚能让你幸福。记住，女孩子是因为幸福才结婚，不是因为结婚才幸福。

不然，或许你只能穿着轻纱捧着鲜花，活在幻觉里，当一天的公主。

## 爱得深爱得早，爱过之后不打扰

### 01

你有没有安慰过失恋的姑娘呢？

在初始阶段，你听到的，会是她对前男友的控诉，惊天动地劈头盖脸。

可是，女孩的灵魂太温柔，也太善于眷恋。所以，批判和指责的过程，往往不会长。

一转瞬，你就会听到，她对你描述他的种种好处。

她忘记了他最后的冷漠与凉薄，转而回忆起最初，那些怦然心动的瞬间。

栗子是最近失恋的。

最初，她也是数落前男友的肤浅，说他不顾多年情分，认识了一个白富美，就见异思迁，冷暴力逼她分手。

我去安慰她的时候，她说得咬牙切齿，眼睛里燃起两簇小火苗，光焰灼灼。看起来，她恨不能仗剑复仇，把那负心的人儿，刺个前后对穿。

可是没说多久，她的眼神就迷离起来，颓然坐下一声轻叹："其实，他以前不是这样的，他以前对我可好了。"

她对我说起从前的那些事。

他们曾是校园情侣，也是让人羡慕的一对，郎才女貌配一脸。

在大学时，有课的早晨，他会给她发个软萌的表情，外加一句："老婆，起床啦。"

如果没有课，他就任她蒙头大睡，睡到中午、下午，甚至傍晚。醒来之后，任何时间给他电话，他都会立刻放下手边的事，带她去吃加餐。

那时，她最喜欢的水果，是红心蜜柚，但是觉得吃起来很麻烦。

于是，每晚，男友会把柚子切开剥好，把鲜嫩透明的果肉，盛在玻璃碗里，和筷子一起，端到她宿舍楼下，再宠溺地摸摸她的头，把她的小卷毛揉乱。

他逢人便宣告"这是我女朋友"，把两人的合照，贴满微博、朋友圈和QQ空间。

在学校里，他会拉着她的手，遇到谁都拉着，一副很骄傲很嘚瑟的模样。

有一年冬天，雪花簌簌，他们迎面遇见严肃的辅导员。她满脸羞涩想要躲闪，可是他不让她躲，一手紧握住她冰凉的小指头，另一只手依然圈过她的肩膀，为她举着伞。

扑克脸的辅导员看到这一对，略略一怔，却也被暖到了，对他们微然一笑，笑得温蔼又灿烂。

工作之后，他们一起租房。

男友厨艺一流，跟他在一起，她十指不沾阳春水，却可以吃到各种专业级美味：香脆鸡肉卷、海鲜乌龙面、巧克力甜甜圈……

每天，他都花花绿绿做一大桌，她担心会吃胖，跟他抱怨。他却一边喂她，一边认真地说："老婆怎样都好看，怎样我都喜欢。"

男友长得小帅，偶尔有哪个漂亮妹子来撩，他就会捧着微信"呈交御览"："娘娘，你说怎么办？"

栗子瞥一眼他温柔的表情，心里笃定，云淡风轻一句："删。"

"删了也许她还会再加呢。"男友说，看着妹子美貌的自拍头像，毫不动容，一劳永逸，把她拉进黑名单。

他们两个都是研发工程师，在外面都高冷而职业，可是一回家，却互相撒娇卖萌，就像两只可爱的小猫，在一起打闹纠缠，翻肚皮打滚儿，黏人耍赖，嬉皮笑脸。

在那么多年里，她享受着他无限度供给的迁就和宠溺，就像享受着一笔丰厚的投资。她的生活，就像一家蒸蒸日上的企业那样，幸福地经营与运转。

所以她从来就没有想过，有一天，他会撤资，她会破产。

02

"他对我那么好，怎么会离开我呢？"栗子揪着我问，一遍又一遍。

好姑娘啊，他当初不对你好，怎么跟你谈恋爱呢？

恋爱时为了相处，为了磨合，为了彼此温暖，那个人总会对你有所付出，有所承担。

然而，有付出，就会有收回；有承担，也并不代表有承诺。

他对你好，不说明他永不改变。

就像张小娴写的那样：

"你可以爱他，爱他的英俊，爱他的聪明，但请不要爱上他对你的好。在他的善良、体贴下面，你摸不到他内心隐藏的幽暗的空洞。他的好，是属于他的东西，随时可以收回，可以作废，随时可以赠予下一个人。"

是的，他会转身，会对另一个人好，当他见异思迁，当爱情时过境迁。

连婚姻都未必会像钻石那样，恒久悠远，永远流传。爱情的保质期，就可能更短。

我们总是纠结于分手的原因，而不愿接受分手的结果。其实，只要结果是离散，当初再多的好，也不可能逆转这一点。

他已经转身，你又何必留恋，在徒然无益的自我折磨中，度过每一天。

余生既然不能多多指教，那余生也就不用互相打扰。

更不可让过去的回忆，打扰了你如今宝贵的每一天。

文人说："以乐衬悲，增其十倍。"你越想当初的开心事，越觉得现在好难过、好孤单。

我们的感情，就像股市，有高潮有低谷，此起彼伏瞬息万变。

如果今天你需要斩仓割肉，何必再心心念念，想着当初如何赚得盆满钵满。

不如对自己狠一点，爽快利落杀伐决断。

请记得，他离开你，不代表你一无所长；你失去他，你也并不是一无所有。

他对你好，也是教会了你如何对别人体谅和关照，如何慷慨地让别人快乐，给别人温暖。没错，他不再是你的私有财产，但是经验，宝贵的经验，这是你的独家资产。没人可以把它夺走。聪明的女孩，永远懂得让自己的智慧保值增值，即使是通过失恋。

爱情有时就像旅途，尽管结束，可是你至少看过绝妙的风景，保存有纪念品和好照片。你不能凭爱意，就让富士山私有，但是至少你曾来到，曾看见。比起不曾经历的人，你的眼界已经被拓宽。

你曾在爱情中沉醉与丰盛，然而，他终究是你路过的景致，而不是安居的终点，所以，在爱过之后，请尽早启程，前往下一站、下一个景点。

我知道，你对这片风景爱得很深，爱得很早。可是，当爱情终结之后，请你赶紧跑出这里的阴影，跑出这悲伤的雾霭与谜团。

昨日之你，已非今日之你，这里昔日的光鲜，也不代表今天的湖光山色，浮云碧天。

在风驰电掣的生活中，你不能只停留在某个景区，而让整个行程耽搁和拖延。毕竟，还有太多的事情，还有整个辽阔而美好的未来，在等着你实现。

有那份斟酌过去的时间，不如在自己的领域，砥砺精进，改头换面。

## 03

亦舒曾写过一篇小说《分手》。女主角令淑，本来爱情甜蜜已经订婚，却被未婚夫抛弃。他这一边退婚，另一边早就搭上一位女演员。

令淑伤心欲碎，但仍优雅转身，专注于事业。大半年后，升职加薪前程似锦。

此刻，她重新遇到当初的负心汉，对方想要复合，但令淑自信地说："我的要求不一样了，我的能力也不同了。"

没错，他曾放弃你，但假以时日，他未必有资格，被你挑选。

你也未必需要他，需要这种忽热忽冷、说变就变的情缘。

所以，请别让那些往事，在心里缠绵悱恻，经久不散，打扰到你的生活。

毕竟，属于你的，还有更珍贵的东西，譬如明天，譬如时间，譬如未来的事业有成，情比金坚。

Twins 在《下一站天后》中，曾经唱道："最后变天后，变新娘，都是理想。"

下一站，会是更曼妙的未来，而未来，总会有一个更美的自己，还有一个更好的他，在转角等待。

他们在等你，前去会面。

现在就出发，当机立断。别让他们，等得太久；别让幸福，来得太晚。

## 我不喜欢这世界,但我喜欢你啊

① 01

"如果明知道会失去,你还会爱一个人吗?"

朋友问我这句话时,我忽然间就想到了小白。

小白是我大学时遇到的猫咪。

那一天,它不知道从哪里钻出来,一直赖在我旁边,跟了我许久,温软的小脑袋,揉蹭着我的脚踝。它娇声柔气地对我叫着,嫩红的小嘴张开,看起来既孤单,又楚楚可怜。

于是我到学校的超市里买了妙鲜包,喂给它吃。小白开心极了,但吃完之后并不离去,不像它那些警觉的流浪猫同伴。

它还是跟在我后面,喵呜喵呜,一直叫着,没完没了。就像一个钟情者,在喜欢的人面前变成话痨那样,哪怕言之无序,却有万语千言。

日语里有一句话:"擦肩而过,亦是前缘。"意思是说,一个人即使是与你偶然相遇,都是因为前世有着某种羁绊。而相遇之后,如果一只独立随性的猫咪,竟然肯这样跟着你,缠着你,不愿分离，那一定是缘分不浅。

不求一时饱足，而愿长相厮守。这应该就是真爱吧。

所以我就把小白抱回宿舍了。

室友一见小白，大为惊奇，都问我是怎么把它抱回来的。

原来，小白在学校，一向孤傲冷淡。很多同学，都拿着火腿肠、鱼罐头，去试探过它。可它不肯吃，不给摸，不识逗，稍微靠近一点，它就竖起耳朵张开嘴，发出呼呼的声音吓唬你。

它并不信任这个世界，可是不知道为什么，对我却有一种特别的喜欢。

缘分是种很奇妙的东西吧。就像我们，有时候也不知为什么，会对一个完全陌生的人，产生突如其来的好感，然后，就演化成执拗而绵长的眷恋。

我给小白洗了个澡，用毛巾裹好，暖风吹干，它就成了一个蓬松圆润的小雪团儿。室友给了一个快递纸箱，垫进旧衣服，放进猫食盆，小白就正式成了我们宿舍的一员。

(02)

这位"室友"很黏我。我坐在书桌前，它就一定要跳到我腿上，心满意足地蜷成一个毛球。

我蹲在地上搓衣服时，它就顺着后背，哧溜哧溜爬上来，挂在我脖子上，像一条绒暖贴心的小围巾。

我睡觉了，它就气定神闲地钻进毯子，拱过来，非要睡我旁边。在梦中，它毛蓬蓬的小尾巴还会摆动，幸福而悠闲。

每次我跟其他室友聊天，它就会过来喵喵地闹，像一个固执的孩子，反复说着："你要跟我玩，不许跟别人玩。"

爱你，就会想把你的时间据为己有，因为TA只喜欢你一个啊。

这种专一，在小白身上，表现得很明显。室友想跟它玩，它从来都不配合。它要么是一副生无可恋的漠然脸，要么是一副霸道傲娇的总裁脸，不管别人怎么勾搭和调戏，都无动于衷。

但只要回到我怀里，它就瞬间变成甜甜私房猫，各种撒娇卖萌翻肚皮，身体温软得像云朵和棉花糖。

就像喜欢你的人，在你面前会放松下来，彻底变成孩子那样。他相信你，才会让你看见天真无邪的一面，毫无防御的一面。

爱你的人，也会让你看到他温柔体贴的一面。

记得有一次，我高等数学没考好，默不作声地在桌前坐了很久，心情低沉。小白看我不高兴，就攀上桌子，挨过来蹭我，绵软地叫着，伸出粉嘟嘟的小舌头，舔我的手。看我还不开心，便一纵身，跳到地板上，婀娜矫健。

我以为它要走开，不理我了。没想到，它竟然像一只乖巧的小狗，开始给我表演追尾巴转圈。

最后它把自己给转晕了，就舒开身体，一个"葛优瘫"，倒在地上，翻起一双眼睛无奈地瞅着我，像是说："朕已经尽力了，你再不高兴，朕也没办法了。"

于是我的不快，就在它的稚拙可爱中烟消云散。

但它有的时候也会淘气。它会突然跳进我的洗脸盆，开始拉稀。它会狂咬我的耳机线和数据线，带着一种莫名其妙的执着。

它会把我的棉拖鞋当成假想敌，跟它厮打搏斗；也会对着我的帆布包，欢天喜地一通抓，把它当成心爱的猫抓板。

不过，大部分时间它都很懂事，很少抓坏我的牛仔裤和雪纺衫。

但是有时，它却会用爪子勾住我的睡衣，使劲勾住不放，就像一个痴情的人，紧紧勾牢情人的小指头，要对方许下永不别离的誓言。

它会抬起茸茸的小脑袋，仰望着我。绿且深邃的眼睛，睁得很大，瞳孔忽明忽暗，紧张焦虑，忐忑不安。

它就像一个聪明且敏感的人，表面淡定圆熟，胸有城府，可是心里却那么温柔脆弱，即使在安逸中，也总是有隐忧，天生就害怕失去，害怕别离。

然而，别离终究是要来的。

## 03

世界上，有些感情就是如此：来的时候，似乎无缘无故；去的时候，仿佛无影无踪，如烟尘如风雨，迅疾又缥缈，甚至来不及好好说一声再见。

小白还没来得及长成温暖的大白，就失踪了。

有一天我从图书馆回来，发现小白不见了。门关着，也许它是从窗户跳出去的?

我冲出去,找遍了整个宿舍区和教学区,食堂和运动场,走遍了林间、湖边、花园小径、屋角和庭院。我转了一夜,边走边喊它的名字,可是它并没有响应我的呼唤。

我担心极了:小白会不会被狗欺负?会不会被大猫打?它的肠胃一向不好,这么孱弱,在外面又能撑多久?

而且它为什么要这样,忽然间就离去?爱和别离一样,有时都没有征兆,无从抵御,不可抗拒而又徒留遗憾。

室友安慰我说,猫是通人性的,有时候它身体不适,感觉到大限将临,就会出走。这样,你们都不用面对最后离别时的痛苦不堪,只需要在记忆里,保留彼此的那一份温暖美满。

是啊,直到现在,我还会想到它粉嫩潮润的小鼻子,想到它如同镜湖秋水般的一双碧眼。想到它睡在我的臂弯里,我睡在细柔的毛毯里,春暖花开的季节,一起做着美梦,睡着懒觉,呼噜呼噜,无忧无虑,仿佛与世间烦恼毫无关联。

据说,在这世上,生灵之间的羁绊早已注定。迷失的人会迷失,相逢的人终将相逢。

众生寂灭,无尽轮回,缘分却恒久不变。无论在哪一世,有缘的人,依然会重逢,一见如故,相见恨晚。

虽然你们也难免会挥别,会迎来宿命般的瞬间。

## 04

"如果明知道会失去,你还会爱一个人吗?"朋友问我。

"当然会。"

就像我明知道,猫咪不可能陪我一世,但还会去养猫。

情人如猫,TA会悄无声息地走进你的生命,让你懂得珍惜和分享,变得温柔豁达,真心相许。与TA带给你的精彩相比,最后的片时悲伤,不值一提。

很多人不恋爱,不养宠物,害怕离别时会难过得无法自拔,却忘记了,相处时会幸福得无与伦比。那是生命中无可替代的回忆,而你的获得,足以弥补你的失去。

生活中最美好的事,不是永不失去,而是在得到和失去之间,享受充盈而丰裕的体验。只要相处时,不留空白,温柔以待,怎样都不算遗憾。

所以,我想,如果有机会,我还会养一只猫。失去,或失恋的痛惜,从不能冰封另一个春天。

"生活吧,就像今天是末日一样;去爱吧,就像不曾受过伤一样。"

我们仍会带着猫一样的好奇敏感,去体验,去历练,去相遇和冒险。

绿植 书柜 阳光温润的墙角

有你 有我 养一只猫

一世终老 如此便好

## 主动来找你，才是在乎你

01

人们总是说，近水楼台先得月，向阳花木易为春。但在爱情里却不尽然。离得近，未必就更有缘。

我一哥们，喜欢上了同部门的一个女孩子。她单身，他优秀，所以，他对自己信心满满。

他会主动制造机会，经常去找她搭话，迎合她的爱好，嘘寒问暖。然而，她只是气定神闲，跟他周旋，没表示过情意，也没有太冷淡。

放假时，他约她出来健身，她总说："我要准备会计从业资格证的考试。""我报了英语辅导班。"

平时跟她微信聊天，聊不到几句，她就会说："我要去休息了。""我要去洗澡了。"外加一个再见的表情。

她从来没主动找过他，但是却从来不拒绝他送的昂贵礼物，也不拒绝他的邀约——如果是去大饭店消费，或者是精雅的特色餐馆。

这种情况持续了半年,哥们超级头疼。不过他对我们说,女孩子都慢热,都害羞,都谨慎,要追她,也不急在这一时。好事多磨嘛。

而且,他是名校毕业,身高家境都OK,懂得照顾人又有情调。他还打听过她的择偶标准,觉得自己蛮符合的。所以,他真心觉得,她不会看不上眼。

可是,恋爱就像求职一样,你申请了,未必就有回复;你条件好,未必就会中选。

(02)

我同事小香,前段时间去相亲。介绍人跟她说,男方的家长挺着急的,也觉得她的条件很不错,只希望能早日玉成姻缘。

见了面,她发现那个男孩挺帅,有棱角分明的唇,咖啡色的眸子,眼神是深邃中略带慵懒。他蛮会打扮,外套剪裁犀利,内搭浅色条纹衫,一条极简风牛仔裤,衬着率性且文艺的小白鞋,身姿潇洒,是她喜欢的那一款。

更让她开心的是,男生也非常喜欢她,极口称赞她有颜值,有内涵。

交谈中,小香更是发现,他们喜欢同样的NBA球星,喜欢同样的小众电影和碟片,都喜欢丹·布朗和史蒂芬·金的悬疑小说,都喜欢银魂和柯南,爱玩的网游也是同一款。

只吃了一顿饭,她就觉得相谈甚欢。然而回去之后,男生却不联系她,也没有什么明确的表示,要跟她进一步发展。

她每次发消息,他都会秒回,然而,他从来也没主动联系过她。

虽然每天小香都会找他,跟他说说早安晚安,生活趣事,跟他分享一些出去玩的照片,分享女孩子那些灵动可爱的碎碎念。

两人就这样拖了一个多月,没有疏远,但也没有进展,始终就是不温不火不咸不淡。

小香就纠结了啊:我这么优秀,跟他这么投缘,可是为什么没有跟他在一起,没能坐上女朋友的位子?他明明需要另一半。

这就像是一个业务骨干,不缺乏能力和专长。当某公司出现了一个职位空缺,公开招人时,她觉得自己很符合,就积极申请,却一直没有得到正式回复。

心有不甘啊,心有不甘。

我曾经看过一本叫做《职场黄金法则》的书,书中说,当你极为出色,却没有得到一份心仪的工作时,事实一定比你看到的要复杂。比如:

◎ 老总认为要尽快找到合适的人选,但 HR 却不想招人。

◎ HR 已经通过非正式渠道,找到合适的人——原来他早就私下四处打听和寻觅自己心目中的适当人选。

◦ 这个职位最终会被取消，目前只是暂时招人来填补空缺，但是6个月之后就会遭到解雇。

◦ 虽然过去坐这个职位的人已经辞职，但是HR会设法挽留，并想方设法把她找回来。

相对应地，在婚恋中也是如此。

当你遇到的那个人，没有把你尽快录用为恋人，背后也可能会有类似的因缘。譬如说：

◦ 相亲时，对方的爸妈希望他早点找到另一半，但他在内心深处却无感。

◦ 他已经通过其他途径，多方寻觅，找到自己想要的那个人，心中早有内定。

◦ 他只是暂时找一个人，伴随他度过空虚寂寞冷，填补在前任离开之后，心里的落寞孤单。所以他需要有个人，临时性地暧昧一阵，直到他好转。

◦ 虽然前任已经离开，但是他会想尽办法，付出代价与她复合，就像HR为了挽留自己心目中的精英，会不停努力，开出很好的条件。

然而，即使如此，他也还是会出来相亲，就像HR即使对于未来的任职人早有想法，当职位出现空缺时，也会公布条件，招募甄选。

大家的想法，其实都一样：

老总给我压力，叫我去招人，我得做个样子啊。

多面试一个人，就多一个选择，万一遇到更好的呢。

招来了人，又不代表不会解雇，双方都应该玩得起，毕竟我们都成年了。

职场如情场,情场如战场。你看到别人排兵布阵,却看不到他内心的打算。

## 04

是的,也许他另有打算。

又或许,他并不是耍着你玩,只是顾及双方颜面,出于礼貌,在你主动和他联络时,表现得热情。

但是,如果他很久很久都没有主动的话,那么,亲爱的,你真的不必再继续了。

无论是出于什么样的原因,都只会导向一个结果:他对你没那么在意,没那么喜欢。虽然你真的喜欢他,因此,还想为他辩护。

就像我的哥们和小香,都很喜欢他们遇见的人,所以他们直到现在,都在反复告诉自己:那个人不表态,大概是因为内向,因为慎重,因为情路坎坷或有童年阴影,因为忙,因为信号不好……

可是,你不用为他寻找理由啊。

爱情中的冷漠,永远不是因为他羞涩含蓄,不是因为他优柔寡断,不是因为他受过情伤,裹足不前。

当你喜欢一个人,想要找一个人的时候,也许会犹豫,会担心,会反复斟酌用词,但是,却一定会有表现,一定会有试探。一定会有主动出击的勇敢,而不是守株待兔的散漫。

他也许会害怕失败,会担心遇人不淑,但是,难道会不想要近在眼前的温暖?他受过情伤有过阴影,难道就不再恋爱?吃饭曾经被鱼刺扎,是不是就不再吃饭了?

他也许真的很忙,但是,奥巴马那么忙,还会主动去找他的米歇尔,给她写情诗给她做饭。

他那边也许是信号不好。然而,科学家真心关注一个宇航员的时候,哪怕他跑到外太空,信号微弱到那种程度,都会动用各种技术手段,主动探问他,是不是安好,都不会跟他断联。

你们都还在地球上,真想找你,哪有那么难。

## 05

真正的两情相悦中,可能一方表示得多,一方表示得少,但是从来没有一边全力以赴温柔以待,一边按兵不动处之泰然。

因为喜欢一个人的时候,哪怕聊得少,也会想聊、想见、想听对方的声音,主动寻找交流的机会。找不到人就失落,找到了才觉得圆满。

他喜欢你的时候,你就是给他暖意的阳光,就是给他充电的能源。跟你聊天就开心,就会消除疲倦。

他喜欢你的时候,一日不见就如隔三秋,一时不聊就意犹未尽,怎么会永远端着拿着,无穷无尽地拖延?

他喜欢你的时候，就会不在意，是谁先伸出手，不在意自己的矜持和骄傲，给你发消息打电话，生怕让你觉得怠慢。

他会主动一点，让彼此的距离，近一点，再近一点。

即使再被动的人，爱上了也会变得主动，因为他不甘心失去，不忍心让你等得太久，忐忑不安。

主动来找你，才是在乎你。

而当对方长久不主动的时候，你该想的，不是难以猜测的原因，而是关于未来的打算。

从长远看，真正能让你幸福的爱情，是你来我往的互动，不是一厢情愿的奉献。

你已经尽力，已经耐心苦等，那就不必一个人在这里，永远虚耗精力，一个劲地钻牛角尖。

若他装睡，你再努力也叫不醒；若他不重视你的存在，你再热情也刷不到存在感。世界之广，天涯之大，总还有无限芳草，为什么不走出去，看春光正好，万水千山。

爱的付出，不一定有爱的结果，但是，上苍可能以另一种形式，给你返还。

遇到对的人，会让你心花怒放；遇到错的人，会让你拔节成长。他让你学会看开和面对，学会接受和放下，学会取舍和决断。

越是在意的事，越能磨砺你。终有一天，你内心平和强大，面对各种事情、各种考验，都能淡然。终有一天，你目光清朗明澈，凡俗困扰，诸般纠缠，都能识得真面，一眼洞穿。

好的爱情，是桃花缘；纠结的爱，是桃花劫。不历劫渡难，怎么修成金睛火眼？

## 早点遇见你,余生都是你

### 01

朋友阿蓉结婚了,办了一个朴素的小婚礼,就在她家附近的酒楼。

出席的宾客不多,只有最密切的亲友团。

因为两人还在奋斗阶段,婚礼布置得节俭,没那么多花团锦簇。舞台上,只做了个粉红的气球拱门,背景是清淡文雅的纱幔。新娘捧了一小簇紫玫瑰,婚纱是淘宝买来的,简约款,两千。

然而,有时候,婚姻中的铺排,只是一种形式,而形式中包涵的情感,才是关键。金粉广厦,也有横眉冷对;竹篱茅舍,也有情意绵绵。

看阿蓉和新郎的样子,就知道这是情投意合的小两口。

她的鬓发散下一缕,他便帮她温柔地捋到耳后。她长裙席地轻纱遮面,他生怕她绊倒,就像拉着小孩子那样,宠爱地紧握着她的手。

有人祝他们洞房花烛早生贵子,她很是羞涩,他就马后鞍前,帮她应酬周旋。

这么恩爱的CP，一定是有故事的小夫妻吧。

于是，到了结婚致辞的阶段，大家就起哄让新郎讲，他们是怎么相遇相爱的。

新郎略羞涩地接过话筒。

一转瞬时光倒流，回到十年前。

(02)

高中的时候，他随家人搬迁，就转了学校。入校的第一天，他刚走进教室，阿蓉便为他倾倒。

我说的是货真价实的倾倒。

那时她是班上的文艺委员，忙里偷闲，站在最后一排桌子上，邻近后门的位置，画着黑板报。

他推开教室的后门。离上课时间尚早，她没想到，这个时间有人会来。

所以，当门豁然洞开，她悚然一惊，身体一侧便摔下来。只听得桌椅乱响，一阵叽里咕噜噼里啪啦之后，她就拜倒在他面前，还眨着一对无辜少女的星星眼。

双目对视彼此愕然。

年少时，谁都曾有过这样的凝眸吧，短促却悠远，似乎过了一个世纪般的漫长，然而却只是惊心动魄的瞬间。

在以后的日子里，在那些上课、下课、刷题做试卷的间隙，他们又有无数次这样的目光交错。

每次彼此对视，都是相同的：一秒钟的怦然心动，煎熬得像一百年的兵荒马乱。

而每次，却又有些什么不同：

她那欲言又止的神色，就像一朵花，一瓣一瓣，轻盈绽放。她的表情，逐渐光艳，逐渐欣喜，褪去最初的内敛与羞腼。

王菲在《流年》里，曾深情地唱道："爱上一个天使的缺点，用一朵花开的时间。"

那一季花开的时候，他们在一起了。

## 03

爱上一个人的时候，我们会和盘托出两种东西。

一种是自己的好。如果我们不努力对TA好，把最好的给对方，把人家宠坏，似乎就心有歉疚。

另一种则是自己的秘密和缺点。似乎只有对恋人无所隐瞒，我们才能心下坦然。

阿蓉告诉他，自己天生平衡性和协调能力不好。她容易撞东西，走路不稳当，撞课桌滚楼梯什么的，都是家常便饭。在人行道上走，绊到路上的砖缝，也会当场摔趴下。

她也想改，看了好多医生……然而并未奏效。

他听了,只是给她一记摸头杀,满眼宠溺,笑着说:"都说动漫女主角专属的卖萌神技,就是'平地摔'啊,你居然有这么神奇的天赋。"

而他也告诉她,自己家里很穷,负担重,今后可能给不了她最好的世界。

但她从来没介意过。

年少的爱恋,便有这点好处:你的优点,让你不凡;而你的缺点,就是你的特点。

在别人眼里,阿蓉还是那个跌跌撞撞的女孩,傻乎乎的。

但是这种懵懂娇羞,反而让他心疼。他觉得这种反差萌,真是超可爱:明明有郭靖的呆呆举止,倒是长了一张黄蓉的脸。

而他的家境,也一直没什么起色,但她并不在意。

她觉得,两人若是太有钱,能吃遍燕窝鱼翅、凤髓龙肝,那今后再吃什么,都会满意度递减,百般无趣。

可是没钱的时候,略有享受,便是珍馐。更何况,年轻热辣的食欲,百无禁忌,在这个阶段,最重要的,不是"有什么吃",而是"有谁陪伴"。

记得他给她买校门口超市的芒果冰淇淋,六块钱,买了一盒——因为他负担不起一人一盒。

可那有什么关系呢?他们可以要两根小勺,彼此喂食你来我往。奶黄色的冰淇淋化了,那蜜里调油的情绪,却浓到化不开。

就像《太阳的后裔》中说的那样:"谈恋爱本来就是,自己能做的事情,对方非要为你做。"

于是,围观群众羡慕得瓜都掉了,单身狗更是被团虐。

夏夜，补课之后，他们一起去撸串。孜然味道的烟气，香辣刺眼。

她辣得吸溜吸溜的，竟还要老板多放辣，一边颠三倒四地擦鼻子抹汗，一边大呼过瘾，嚼着年糕和藕片。

他赶紧给她要了瓶冰镇啤酒，然后不出所料地，啤酒瓶又被她咕咚一声撞翻。

冬天，他带她去旧城区，一家老字号的馄饨店。

馄饨皮做得轻俏，透明飘逸，如仙女水袖，群舞翩跹，加上鲜葱香菜、嫩红椒、热麻料，香味扑面，满满当当，盛在好大的青瓷海碗里。

碗大，一碗馄饨却只有十五个，他们吃不饱，但有情饮水饱，一起喝汤也是好的。吃饭时，他用左手她用右手——余下的两只手在桌子底下互握，温情纠缠。

04

爱一个人，就是和你吃什么都有滋有味。爱一个人，就是我想和你吃一辈子的饭。

你是我的初恋，你是我的婚姻，少来夫妻老来伴，琴棋书画柴米油盐，细水长流毕生缱绻。

听了这个故事，我们不免感慨。

多幸运啊，他们相逢在素年锦时，那时一切都未定型，一颗心温柔玲珑纯白无邪,还未被现实磨出厚茧。

如果时间推晚十年,或者情形便不同。

也许,他们会相逢在相亲场上,或是在约会APP上撩出眼缘,线下见面。

在繁忙慵倦的生活里,见缝插针地喝个咖啡,给灰蒙的日子,平添一抹红艳。

他们会通透圆熟地微笑,波澜不惊地寒暄,落座不过三分钟,这段感情的利弊周详,在心里便算得剔透:

"这女的长得不错,可是怎么有些笨手笨脚的,别是运动神经失调,或者小脑有疾患?她做家务有没有问题,这毛病会不会遗传啊?罢了,看在她家境小康的份上,列到候选名单里吧,排个第四或者第三。"

"这男人挺帅,够高。就是好像太穷酸。如果跟了他,连饭都吃不上,难不成还饿着肚子,幻想什么秀色可餐。真要结婚,以后用钱的地方多了去,养个孩子多破费呐,这辈子还得供车供房,以他的能力,掏空了家底,怕是买的房子也没啥好地段,进不了三环。"

如果用成人的逻辑,把条件和选择相关联,也许,他们真会此生无缘。

但是,年长时的痛点,也许就是年少时的萌点。

她确实是天生举止笨拙,可在青涩时节,一个呆萌萝莉天真无邪,摇摇晃晃,倒是超有喜感,看来入心入眼。

他家确实没有钱,然而,那时,这份清寒,配上他的旧牛仔、白衬衫,一脸孤标傲世,看起来却有不染俗尘的小清新。

何况，一穷二白，刚好可以白手起家，既做恋人亦做战友，成为彼此幸福生活的创始人，可以一同斩获妥妥的成就感。

然而，有些事，也许，人年少时不会计较，长大了却会计算。

还好，有这份幸运，早点遇到你，余生才都是你。

青春的爱恋，之所以梦幻，就是因为，它萌芽在现实之前。

于是，有生之年，欢喜相逢，结缘相伴。

这真是有福的。

总好过遇见之时，心意已经在世俗中磨到寡淡，总想着匹配、利弊与条件，最终，两颗心纵使靠近，却可能像那天上的星辰，看似相偎相依，其实，彼此间却隔着百万光年。

## 深情不及久伴，分手无需多言

### 01

在爱情的江湖里，不是所有的"我爱你"，都能换来"在一起"。纵使你情深意长，情真意切，有时，却会遇到突如其来的分离。

前段时间，阿May被分手了。她十分不甘心，就追着前男友一个劲儿地问：

"求求你告诉我，我到底哪里做得不好？为了你，我真的愿意改，请给我一个机会好吗？你想要我变成什么样，我一定照办。"

对方不回答，于是阿May就自己去观察、推测，尽量让自己的一切，都符合他的爱好和审美观。

她发现，他特别喜欢穿卡其色裤子、格子衬衫，就把自己的衣服和配饰，都换成卡其和格子系列。虽然，穿着糖果色的她，其实才最好看。

她发现，他下午上完课之后，会去操场打半小时的篮球。于是，毫无运动天赋的她，就自己买了一个球，整天在那儿练习带球、过人、三步上篮，练得额头上缀满晶莹的汗粒，妆花了一脸。

她发现，他喜欢小语种，正在学习瑞典语。虽然她学英语都无比头疼，四六级的单词书里，除了 A 和 Z 打头的，其他背都没有背，看都不愿看。然而，为了他，她坚决地跑去报了一个培训班。

每次做出一点改变，她都会诚惶诚恐地问他：这样可以吗？你喜欢我这样吗？我这样做，你是不是就会回来？

然而，阿 May 所做的一切，前男友丝毫不感兴趣。他没有任何的感动，也没有像她期待的那样，喜出望外。他满脸都写着八个大字：不堪其扰，不胜其烦。

可是，他为什么会这样？她忍不住想要追问。他当初百般缠绵，现在却如此决绝。

痴情的女孩啊，爱情有自己的规律，有它自然而然的产生和消亡。也许，你并没有做错什么，但是爱情却到了保质期限。当初，他确实用情至深，而现在，他已经不愿陪伴。

在亦舒的小说《爱情之死》里，一个叫俊东的男生，爱上了女主人公。

当年的她，纯真清新，穿白裙子白衬衫，喜欢吃苹果，认真又可爱。俊东对她各种迷恋，一日不见，便茫然若有所失，于是想方设法将她追到手。

可是五年之后他移情别恋，女主角伤心悲叹喝酒吃安眠药，表白加恳求，都没有用。

所以作者写道："当一个男人不再爱一个女人，她哭闹是错，静默也是错，活着呼吸是错，死了更是错。"

就像我们经常说的，你没法叫醒一个装睡的人，也没法感动一个不爱你的人啊。

如果他下定决心，不再爱你，那么，你再做什么，再怎么做，全都是徒然。不管你怎么问，怎么说，怎样改变，都只能让他疲于应付，更添厌倦。

恋爱中，每个人是自主决策的。他爱不爱你，不是靠你的诉说，你的改变；而是靠他的偏好，他的自愿。

爱你的人，无需刻意取悦；而决定要离开的，你即使用尽心力，也没法改命逆天。

## 02

微信公众号最热的那一阵，我的闺蜜桔子，也开通了自己的个人号，在网上写文章。

一开始，她的粉丝只是两位数，所以她特别介意读者的关注和取关。

有时她工作太忙，几天没有推文，发现读者流失了几个，心疼得不得了。"人家一定是嫌弃我懒。"她说。于是，后来她就改成日更，可是她发现，即使她每天都写，还是有人取关。

她便认真研究了自己公众号的内容，觉得自己只写职场生活，未免太单调，一定是让人看烦了。她就添加了许多其他领域的文章：健身、美食、旅游、情感、读书……她写得极细腻，字字珠玑篇篇精选。

然而，读者还是在继续流失。她觉得，一定是自己的文风不对，墨守成规，生涩呆板。从那以后，她开始尝试着，使用不同的笔墨，风格多元，精灵百变。

可是，无论她怎样努力，无论她是温柔婉转，麻辣犀利，还是平实冷静，都会有人离开。

她跟我诉苦，说："当他们离开的时候，我就像一个失恋的女生那样，永远都觉得是自己不好，觉得我只要努力，改进自己，就可以改变局面。没办法啊，我是真的很在乎读者，真的想让他们留下来，想让他们喜欢。"

是啊，谁不希望别人喜欢自己呢？谁不想要深情恒远，长久陪伴？

我们会抱着最美好的希冀，我们会做出最认真的努力。然而，我们终究没有办法改变一点：我们无法保证，人家一定喜欢。

喜欢你的人，会默默地一直陪着你，而不爱你的人，则会离开。他们就像指间漏过的沙，发梢掠过的风，手边滑过的时光，你再尽心竭力，再虔诚无限，也未必能留挽。

在这个世界上，最糟糕的事情，不是谁要离开，而是你为了他不要离开，做了太多改变，变得完全不像自己。最后，不但没能留住你想要的人，还让自己变成了自己不想要的模样。

亦舒师太曾经说："为别人改变自己最划不来，到头来你会发现委屈太大，而且，人家对你的牺牲不一定欣赏。"

取悦别人没有错，但是如果尽力压抑自己、迎合他人，到头来，你的风格，就不是多元，而是混乱。

就像桔子，她原先喜欢写职场文，本来定位非常明确，有很清晰的受众。她原来的文笔很直白，其实这很适合职场专栏：职场文并不需要写得很华丽，只需要写得逻辑充盈，事例饱满。

本来，她至少还能吸引到喜欢职场文的观众。可是她什么都要写，什么 style 都要用，一个公众号就成了大杂拌。

这样就很麻烦。别人是很想喜欢你的，可是却不知道喜欢你哪一点。

没错，每个人喜欢的东西都不一样，很难强求，就像大学食堂里面，众口难调。但至少，食堂的每个窗口有自己的特色，并且不会轻易改变。无论每个窗口主打的招牌是什么，只要有固定的特色，就有稳定的受众。

你只需要做好自己的饭。总有喜欢福建风味的，来你这儿吃鱼丸；或者总有喜欢陕西风情的，去他那儿吃凉面。

可是，如果你为了留住别人，把鱼丸、凉面、山东煎饼、过桥米线，炖在一个锅里，那就成了暗黑料理，原先喜欢你的人可能也吓跑了，一跑老远。

爱情也是一样，那些踏实稳妥的喜欢，一般是基于某种稳定的特质，以及勇敢做自己的自信，而不是你的迎合与多变。

(03)

我在电视上看过一个知名整形医师的专访。他说，曾经有个美女，到他的诊所来，要求整容。

医生看了看她的脸，觉得动过刀子的地方，实在太多了，就问她是怎么回事。

女生回答：她的第一个男朋友，感情转淡的时候，她为了让他开心，就去整成范冰冰的样子，那是他最喜欢的演员。

她垫鼻子开眼角，不小心感染，红肿发炎，流脓结痂；削骨的时候，一张脸肿成猪头，恢复了好多天。她受了那么大的罪，终于看起来很像范爷了，可是，一张女神脸也没能留住他，男友头都不回地走了。

第二个男朋友喜欢 Angelababy，她为了保住感情的浓度，就大张旗鼓，整了第二次，尽可能地弄成明星脸。

现在这个男朋友最爱赵丽颖，说希望她变成那样，萌萌的，看起来很清甜，所以她准备再整整，给苹果肌打打玻尿酸，让脸看起来圆润一点……

医生一听，就断然拒绝。

他说："我只接诊一种人，她们对自己有明确的认识，知道什么样的微整适合自己。她们做手术不是为了变成谁，而是为了蜕变成更好的自己，保留自我的特色，扬长避短。她们不是为了别人而整容，只是为了自己开心和自信。"

他解释道："只有这样的人，整容后的满意度才是最高的，也才不会一整再整，几次三番，最后哪个明星都不像，反而把自己本来漂亮的脸，弄成试验田。那样的女孩，勇气可嘉，但动机可叹。"

感情中，无论是外观还是内涵，你都要保留有自己的独特风格和辨识度，做自己就好。

恋爱中吸引一个人的，终究是你的本质。想要留住一个人，不需要刻意装扮努力改变,只需要本色出演素颜朝天。

不喜欢你的人,怎样都强求不来,来了之后,也可能就此别过,永远擦肩。哪怕你拼命改变,像做整容那样,伤筋动骨改头换面,恐怕也留不住他。而喜欢你的那些人,自然会喜欢你本来的容颜。

一个头脑清晰、心地真挚的恋人,在深思熟虑之后,会懂得什么是最喜欢的,最值得珍惜的。请给他,也给梦想一点时间。

即使他已经离开,你们的结局,也并非一成不变,有可能兜兜转转一番之后,皆大欢喜终于团圆。

如果他真的喜欢你,真的属于你,他在理智的思索和考量之后,也许还会回来。

假如你坚持做自己,至少在他回来的时候,你还是你。因为,起初他爱的,就是你原来的样子啊,请你千万不要失去,当时他爱上的那些闪光点。

恋人就像风筝。哪怕他飞得再高再远再漠然,如果他对你还有柔肠百转的思念,那就是一条握在你手里的线。

而你的初心和本色,就像万有引力。即使线在你手里,若没有这引力,他也回不到你身边。

所以,请不要问"我需要改变哪一点"。你已经是很好、很有魅力的自己,本真的自己。信心十足的姑娘,在分手时,从来不用多言。

他要走,不必执意挽留;他走了,未必永不回头。你只需要保留精彩、真纯的本我,静度时光,心自安然。

正如李玖哲的歌里唱的那样:"你来过,却爱上自由;你出走,我不问理由。我会好好过,等你再爱我,当你回头,看到的一定是我。"

## 04

所以后来，阿May就不再刻意去恳求、询问，也不再有意改变，只是过着自己原本的生活，努力阅读、学习、兼职，让自己的优势，更臻完善，独自精彩和盛开。

就像在美剧《翡翠城》中，西方女巫那句冷静的台词："我们不祈求，不追问答案，我们只会行动起来。"

虽然，她仍希望他回来，不过，她终究想明白了，赢得他，不能以委屈和牺牲为代价。有那个精力，不如立刻行动，给自己继续增值，给自己更多宠爱。

她只是保持着，一个真挚的心愿。然后，放下纠结，顺其自然，把一切交给时间。

大概是她诚意感动苍天吧，又或者是缘分本就缠绵未断。两个月之后，他送了阿May一束粉嫩娇艳的玫瑰，再次表白，他们重新在一起了。

也许，有朝一日，他会再度发现你的好。不过，他的珍惜，需要用时光来沉淀。他的情感，需要用岁月来修补和复原。有时，年轻的人儿难免迷失，他需要经历光阴流转，才能发现最适合的一直在眼前。

如果他真的想回来，一般会主动回来。男生如果喜欢你，必然会主动多一点。如果他就此离开，永不出现，那也不必太遗憾。

那说明，他觉得，你的风格，真的不适合他。在这样的情况下，又何必把二人的命运绑定在一起？强扭的瓜不甜，两个人，只要有一个，不是心甘情愿，相处的过程必然是百般熬煎。

不如重新洗牌，再度扬帆。爱情本来就像最美好的赌局，最华丽的冒险。

亲爱的，请记住，在爱情中最关键的，不是和谁对赌，也不是和谁一起航行。

最重要的是，你要永远保留你专属的筹码；你的船上，要有一面属于自己的帆，一面过目难忘的帆。

保持你自己的特色就好，心地澄明勇往直前。若有一天，一别两宽，那就别问，别想，别纠缠，别眷恋。

深情不及久伴，分手无需多言。

## 男朋友喜欢联系前女友，怎么办

01

佳楠最近发现，男朋友总是去踩前女友的 QQ 空间。

那个女孩，在空间相册里放了很多自己的照片。从照片上看，她穿得又露又透，长得又白又瘦，身材柔情似水波澜起伏，一双略斜的凤眼，乌黑晶亮。眼角眉梢，盛开无限风情。

在佳楠的眼里，这是一种带有威胁性的妩媚。她担心起来，就查了一下男友的聊天记录。

她发现，前女友总是在晚上 11 点之后，找自己的男票聊天。

聊天记录里并没有什么出格的话，只只是说说今天做了什么，吃了什么，去了哪里，分享一些美食的照片和自拍。

但是佳楠注意到，每次都是前女友主动找上门来，而男友是来者不拒，只要她呼唤，他一定会回复。

佳楠担心极了。毕竟，他们之前有过感情。而现在，他每天都要面对前女友执着的深夜问候，在这样暧昧的时刻，还要面对那些嘟着粉嫩小嘴唇、露着雪白小蛮腰的自拍。

佳楠觉得这样好危险。她感觉，他们俩，干柴烈火，旧情复燃，简直是分分钟的事。

她跟男友抗议，可是男友却撇着嘴，翻着眼，耸肩摊手不以为然：

"你看到啦，是她主动的，又不是我要跟她大半夜说晚安。她找我，我不说话，多没礼貌啊。"

道理虽然是这么个道理，但是，她不懂事，难道你也不懂事吗？分手了，她就不该来刷存在感；当她出现了，你就不该忘掉界限感。

女孩子需要的最大的安全感，未必是锦衣玉食，宝马香车，而是，我身边的这个人，他有原则，有分寸，让我在感情里，不会觉得危机四伏，提心吊胆。

可是，佳楠的男友却没有做到这一点。

其实，他大概还不算是做得最过分的。毕竟，前女友来找他，他只是被动地接受。毕竟，他只是去浏览人家的QQ空间。

而有些人，甚至会主动去找前女友，跟她见面。即使分手，也如影随形，照顾她生活的方方面面。

(02)

阿荔经常跟我吐槽她的男票，说他跟前任纠缠不清，两个人的关系，剪不断理还乱。

男友的前任，是银行的客户经理，每个月都有业绩指标要完成。男友就热心襄助，不但自己往她们银行存款，而且还帮她到处找资源，帮她开发客户，顺利签单。

前任装修房子，男友怕她不懂行情会被欺负，就帮她去挑选质优价廉的施工队，还陪她到建材市场，去挑墙面漆，挑实木地板，挑环保瓷砖。

阿荔当然不高兴。男友却把自己的行为，叫做"义气"：曾经是我的女人，我就要一如既往罩着她，充满责任感和使命感。

前任从淘宝上买了大件的东西，很重。男友就特地开车穿越半个市区，去帮她把包裹搬上楼，体贴力MAX。

阿荔知道了，跟他闹："快递不是有快递大哥帮忙搬吗？"

"快递员把东西扔在小区门卫就跑了啊，你让她一个女孩子怎么办？"

"小区门口不是有物业，有值班师傅吗？为什么一定要你帮忙？"

男友听了之后嚷了起来：

"啊呀，你们女人怎么这么小心眼？就是搬一个快递嘛，又没做对不起你的事，你整天问这些，吃饱了撑的吧，你烦不烦？"

阿荔听了就更火，对男朋友指出，你不能怪我多想啊，谁让你跟她在微信上聊得热火朝天，一口一个亲，亲爱的，抱抱亲亲么么哒，一个都没少，说得那么甜。

而且，男友还跟前女友说过这样的话："你那支玫瑰香水的味道，特别性感。""你的嘴唇好柔软。"

她这么一抗议，男友立刻气急败坏，对她喊："我只是过过嘴瘾而已！我跟她什么都没发生！你不准贼偷，还不准贼惦记吗？"

阿荔听了之后，怒火攻心，一口气堵在胸口，非常无语。

你们都不在一起了，凭什么整天情切切意绵绵？精神出轨也是出轨啊，也是爱情里的风险。

她觉得，对于过去的爱情，男友似乎是拿得起，放不下，吃着碗里，看着锅里，两边都想贪。

有的人，跟前女友毫无界限感，无比热络；而有的人，则想要彻底跟她划清界限，表现得愤怒、决绝而冷淡。

我有一个读者，她男票的情况，跟阿荔的男友正好相反。

每次，前女友一给这个男生发消息，打电话，他就赶紧跟女友汇报：

"她又来找我了！分手之后还好意思来找我，真不要脸。"

"那个贱人又来了啊。呐，我聊天记录都给你看，我可没一点瞒着你的，都是她在骚扰我，我都是骂回去的。老婆，我的心里只有你，对贱货，我没什么好客气的。"

他那种翻脸无情，大为光火的样子，显得反应过度。

他的现任女友，就不停地想：他现在对前女友这个样子，毫无尊重，恩断义绝，那他是生来粗暴，还是生性凉薄？

以后，如果我跟他分手了，他是不是也会在别人面前批判我，把我说得很贱？

这样的事情越来越多，她就不停地想：天呐，我到底交了一个什么样的男朋友？于是，她的爱就充满了危机感。

## 03

在我们的生活里，男友的前任，真是一种特殊的存在。

在前任的事情上处理得好，能表现出一个男人的态度和风度。但是，如果和前任联系过于频繁，难免就会让现任纠结、尴尬，觉得自己的地位不稳，受到挑战。

对待前任时，有些人，是太好心，不懂拒绝。

当前女友跟他们联系的时候，他们总是想得太多，总是担心会伤害前女友，担心自己如果不理她，会显得忽视和漠然，毕竟有过一段前缘，不忍心让她难堪。

有些人，是太花心，毫无界限。

他们总觉得自己魅力无限风流倜傥，却忘记了现在不是清朝，韦小宝也只是书中的经典人物，没有哪个女生，能看着自己的男朋友万花丛中过，还能跟他相看两不厌。也很难有哪个男生，左拥右抱偎红倚翠，还能说服女友相信，他片叶不沾，坐怀不乱。

还有些人，是太热心，急着取悦现任女友。

他们想跟现女友证明自己，跟前女友完全撇清，结果因为态度过激，用力过猛，却引起别人反感。对前任女友，你可以不爱，却不能不敬，随口大骂无遮无拦。

那么，对待前任，到底应该怎么做呢？其实，最简单的方式，就是把前女友看成是一个有过外交往来，但目前关系冷淡的国家。

你们之间没有开战，所以不要一看到她，就漫天火药味，反应极端。

你们之间也不再结盟,所以你也不能给她"最惠国待遇",给她各种支持和援助,引起目前的盟友反感。

你们之间如果有往来,就在现女友面前,走公开、礼貌的外交途径。不想被人误会成密谋,就不要私下密会和交谈。

逢年过节的时候,如果她给你发消息,你不是完全不能回,但说话的语气,要像国家互致的官方贺电,简单、客套、一板一眼。

就像有时,前任给我发消息,说个节日快乐、生日快乐的,我也会回。就两个字:谢谢。

他问我最近怎么样?我就说:还好。

他的话题没法接续下去,就会被截断。

任何有温度的回复,都容易被误会,被看成是情意和暗示,让人觉得有机可乘,有隙可钻。

要知道,你最重要的时刻,是现在;你最重要的人,是现任,现任,现任,重要的事情说三遍。

也许,"得不到"和"已失去"的,总会让人想念。可是,在这爱情江湖,若不能相濡以沫,也就应该彼此相忘,再无关联。

也许,武侠小说里那些多情又长情的剑客,身边总是花红柳绿,莺莺燕燕,被很多男生看成了典范。可是,在这世界上,最好的多情,是对女友多爱一点,而不是左拥右抱,乱花渐欲迷人眼;最好的长情,是陪身边的这个人,度过漫长岁月,长相厮守,而不是跟你的过去,藕断丝连。

过去的事情都已经过去,为什么不珍重眼前人呢?

休向故人思故国,且将新火试新茶。好好地爱吧,有诗有酒,趁这锦绣华年。

## 远离爱情中的"优质渣男"

01

天涯论坛上,曾有一个相亲吐槽帖。

发帖的楼主说,她工作之后,同事给她介绍了一个对象,见他第一面的时候,她心中就暗自赞叹。

这位男士身材高大,眉目清朗,带着温文尔雅的微笑,让人觉得踏实和安全。

而且,他不单是外表体面,其他条件也很好。

介绍人说,他博士毕业之后,就进了一家省级设计院,年薪20万+。但是,他并没有追求安逸稳定,而是出来和别人合伙创业,历尽艰辛,终于赚得盆满钵满。

看到这么优秀,又这么努力的男生,楼主很是欣赏。而男生呢,也不负她所望,在整个约会过程中,表现得特别绅士:

吃饭时细嚼慢咽,对服务员细语慢言,最后买单时,温柔霸道地,抢在楼主前面。

楼主开心极了,觉得遇到这样的人,真是老天开眼。

之后，男生开着奔驰送她回家。他不止送到楼下，还陪着她爬楼梯，一直走到她单身公寓的门前。

走廊的灯光，带着昏黄的调子，暧昧柔软。这时，他开了口："今晚让我留在这吧。"

楼主大吃一惊："你什么意思？"

他笑得很淡然："都是成年人了，需要我说得这么直白吗？看得出来你喜欢我，我正好也喜欢你，有些事反正是要发生的，为什么不早一点？"

楼主生气了，当场冷脸，请他离开。

结果他还不死心，在后来的一个月里，使劲给她发消息，反复纠缠，死皮赖脸：

"你单身这么久，就没有需要吗？不想解决吗？"

"美女，我们可以互惠互利嘛。"

"我们都还年轻，为什么不及时享受乐趣？你干嘛要那么死板。"

楼主非常愤怒。她从来没有想过，他竟然是这样的人，看起来那么出色，那么诚恳，却以相亲之名，行云雨之实。

所以，她一怒之下，就上网来发帖，告诉大家："谈恋爱时，要小心那些'优质渣男'。"

从外观上看，他们可能有钱，有才，或者有其他的亮点。但是，过日子，终究看的是内在素养，而不是外在表现。

培根曾说："对一个人的评价，不可视其财富出身，更不可视其学问高下，而是要看他真实的品德。"

哪怕其他方面再优质，如果人品很烂，也逃脱不了"渣"的标签。

世界上,确实有这样一种人,他们看起来讨人喜欢,有很好的条件。然而,他们外表光鲜,内心混乱;行为倜傥,动机阴暗。

在爱情里,这种表里不一的人,最好离他们远一点。接近他们,会徒增烦恼;而迷恋他们,会泥足深陷。

## 02

在小说《安娜·卡列尼娜》里,有一位年轻的士官,名叫渥伦斯基。

他出身望族,长相英俊态度和蔼,思维敏锐见识不凡,衣着低调而雅致,"是贵族子弟中最出色的典范"。

他经常去拜访一位叫吉提的小姐,温柔地向她献殷勤。

这让吉提的母亲觉得很开心,相信她一定会得到这个"非常优质的配偶",觉得他"再好也没有了"。

吉提年少单纯,非常爱他,认为他一定会向自己求婚,为此,她脸红心跳,彻夜难眠。

可是渥伦斯基根本就不想跟她结婚,在他的观念里,婚姻是十分可笑的东西,充满束缚,令人厌倦。

他只想游戏人间,跟她暧昧,享受她的情意缠绵,却不想负任何责任,不想有任何承担。

同时,他一边跟吉提不清不楚,一面又去勾搭另一位贵妇人——成熟美貌的安娜。

吉提看出他的花心好色，为此而伤透了心，她出国旅行、疗养，用了很久很久才复原。

而渥伦斯基毫无愧意，继续去纠缠安娜，并且把安娜拖进了毁灭的深渊：

安娜是已婚女子，他却非要插足别人的家庭，让她和丈夫的关系越来越紧张，越来越冷淡。

他口口声声说他对安娜是真爱，却既不看重应有的界限，也不珍重女人的尊严。

他不愿等到她离婚，再跟她发展，而是让她怀上了自己的孩子，并带她出去同居，完全不想避嫌。

这样一来，安娜被整个上流社会排斥和轻视，她失去了一切，但渥伦斯基仍不肯给她笃定的温暖，仍然和其他年轻漂亮的女孩过从甚密，相谈甚欢。

他给不了真正的婚姻，也给不了真实的感情，看起来，就像是跟她玩玩。

最后，绝望、羞愧又嫉妒的安娜，跑到火车站，卧轨自杀。而渥伦斯基接到消息，震惊痛苦了一阵，后来也就带着镇定的表情，去做自己的事情了。在他纸醉金迷的一生中，一个情人的死，恐怕，无非是过眼云烟。

安娜为了这种人，而赔上性命，确实太遗憾。但是，渥伦斯基条件也太优质，在爱情里，确实容易让人醉了心、蒙了眼。

如果撇去人品不提，他真的是一个非常迷人的高富帅，通吃各种年龄段。吉提这样的萝莉，安娜这样的御姐，对他都很喜欢。

他的富有、他的学问、他的英俊，笼罩在他周围，就像是迷人的光环。女生看到他，就会眼花缭乱，于是就忘记了：

财富能决定人的高度，才学能决定人的深度，外貌能决定人的亮度，而最最重要的人品，却决定了人的纯度，和这段爱情的真诚度。

管理学上有一个"酒与污水定律"，说的是，如果把一勺污水，倒进一桶美酒，那么，得到的就是一桶污水。也就是说，一个人的身上，只要出现一个决定性的缺点，其他的优点，再多也是徒然。

爱情里也是如此，哪怕这个人其他的条件，再好再美再完善，只要人品这关过不去，他终将戕害这段爱情，就像一勺污水，会毁掉整桶美酒的口感。

如果一个男生，在条件上非常优质，在秉性这一点上，却很渣；如果他对感情没有正确的认知，对生活缺乏正确的三观——那么，这段爱情，带给你的就不是安全，而是危险；不是幸福，而是灾难。

(03)

记得以前，某优秀女留学生被男友殴打致死的新闻，曾经震惊朋友圈。

单从照片上看，很多人都不敢相信，这个男子会如此残忍。他长相帅气，金发碧眼笑容温和，甚至有一丝羞涩，是女生可能会喜欢的类型。而且他是空手道黑带，又善于调酒，更会让人觉得比较酷。

但是他性情极度冷漠,充满控制欲。他无端怀疑女友不忠,把她打得多处骨折,满身淤青,最后停止了心跳。一个可爱姑娘的美好前程,就这样,被无情截断。

在一度被热议的女访问学者的绑架案中,疑犯也是一个表面上非常出色的人:他是理科博士生,研究的方向很前沿。他是大学里多年的优秀助教,智商超高,同学说他聪明幽默,看上去也很友善。

但是他却有自己的黑暗一面:他性格偏狭,沉迷于有关绑架和虐待的网站。他原则散漫,公然在交友网站上声称,自己已婚但处于开放关系中,可以接受各种情人。

新闻上有他和妻子的照片:他拿着学位证,他的妻子满脸崇拜地看着他。也难怪,他确实有自己的优点。

可是,和这样的人结婚,到底有多少幸福可言?他阴暗的一面,总在伺机而动,这就像你的身边,有一个不知道何时起爆的炸弹……

恋爱结婚的时候,很多人往往非常重视对方的条件:外貌、学历、资产……

如果单看个人条件的话,天涯那个楼主的相亲对象、渥伦斯基,还有这位疑犯,恐怕都能站到相亲鄙视链的上端。

但是,有时候,爱情就像是一台电脑。哪怕出厂配置再高端,如果没有人品,作为可靠的软件,也难以正常运转。

有时候,婚姻就像是一只木桶,无论组成它的其他板子有多长,只要出现一块很短的木板,一个德行的缺陷,婚姻里所盛的情意，就会洒光漏完。

陶行知说："道德是做人的根本。根本一坏，纵然你有一些学问和本领，也无甚用处。"

所以，在感情里，不要因为看到一个人的条件千好百好，就头晕目眩，就想和他天长地久，终身相伴。金玉其外，可能是败絮其中；西装革履，可能是道貌岸然。

相爱时，判断一个人的关键，是看他的性格里，有没有不良的倾向；他的品质里，有没有不好的短板。

被表面条件唤起的感觉，往往短暂而虚幻；被深度人格决定的品质，在爱情里的影响，才非常久远。

不被现象蒙蔽，才能不被本质欺骗，选择对象的时候，眼睛一定要睁大，节奏一定要放慢。

日久见人心，一个人的本质，无论好坏，终究会逐渐呈现。

在这个世界上，好男人都是相似的，而渣男各有各的坏：

有人把花心当成魅力，有人把真情当成交换；有人把控制当成关怀，有人把侵犯当成勇敢……

无论是哪一种，只要你看到明显的人格缺陷，就千万不要以身涉险，哪怕他有再多的优点。

晚情曾说："在砒霜里放再多的糖，也无法改变它是穿肠毒药的事实。"

请你认真观察，仔细分辨。别让美好的爱情故事，变成遗憾的事故，别让一腔真情，变成满心叹惋。

哪怕你遇到的渣男再优质，都要记住：珍惜时间，远离麻烦；珍重爱情，远离渣男。

# PART 3

# 让自己勇敢，
# 是优秀的风度

敢于选择，

勇于承担，

优秀冷静，

潇洒勇敢，

妥妥的高贵范儿。

SHOW YOUR BEST TO THE WORLD

感情的事,无非八个字:尽心尽力,无悔无怨。你奋力争取,至少不负初心;你愿赌服输,至少姿态好看。

## 爱情里我不愿输，但我输得起

### 01

在网上看到一则新闻：华南一名痴情女子，因为男友要分手，很不甘心，由爱生怨。

她在男友的水杯里下了安眠药，等他睡着之后，用针管把大量水银注入他体内，导致男友中毒，器官衰竭命悬一线。

"他生病了，就离不开我了。"女子想，哀婉且绝望。

然而，她这样做，不但没能挽回男友的心，而且让他全家以泪洗面，对她恨之入骨，她也被判故意伤害罪，面临六年的牢狱之灾，和七十多万元的民事赔款。

这让我想到《天龙八部》里的阿紫，她深爱萧峰，却无法得到他的心。为了留住萧大侠，她竟然用毒针打他。

她们的想法何其相似，觉得只要对方身受重伤需要照顾，自己便有了用武之地，便能用体贴照料，换来他的青眼垂怜。可是，她们却没有想过，若真的伤了对方，伤身还是其次，最可怕的是，对方被伤了心，对你不再信任，只剩下惊心动魄的失望。

爱情如江湖，各种不当的心计，就像带毒的暗器，为正统的侠客所不齿。纵使是出于深爱的动机，这种暗箭伤人的做法，也只能让人惋惜和长叹。

冲动是魔鬼，只能带来破碎，而不是圆满。有些感情，若注定没有结局，你再极端也无力回天。

新闻中的女子，原先和男子是一对地下情侣，各自离婚走到一起。这段感情从最初，就是因激情而产生的迷乱。真的在一起了，新鲜感烟消云散，感情便难以为继。而小说中的萧峰，本来就只爱阿朱，耿耿深情忠心赤胆。阿紫再优秀，也没法赢得他的爱。

既然如此，又何必纠结，何苦纠缠。不如像范逸臣的《放生》里所唱的那样，"你知道就算继续，结果还是没结果，就彼此放生，留下活口。"

从今往后，一别两宽各生欢喜，风轻云淡再不相关。你有你的花开春暖，我有我的碧海蓝天。

有些感情，再努力，也无能为力，那就要慧剑斩情丝，潇洒傲然。然而，有些感情，则只是一时迷途，不会一刀两断。这时，你可以挽留，但一定要用正确的方式，让爱情枯木逢春，逃出生天。

( 02 )

阿伦是我的大学校友，眉目温润，性情温静。他很宠自己的女朋友。女友是个伶俐姑娘，聪明娇俏，兴趣爱好跟他很契合。

她什么都好，就是性子倔，脾气大，一时晴天丽日，一时雷鸣电闪。

有一段时间，阿伦在考经济师和人力资源管理师，学生会的工作又很忙，跟她联系得少，没有给她足够的安全感。女友一怒之下，大闹一番，断然分手。

一片真情，却被甩掉，阿伦非常愤怒。

失恋后的状态，有时其实很像结婚后的状态：总会有无法排解的愤怒、无能为力的矛盾，和茫然失措的孤独，还会有五十次想掐死对方的冲动。

然而，阿伦并没有行事偏激。他很成熟，亦很乐观，知道危机之中自有转机。

"她现在单身了，那就意味着，我和其他单身的男生一样，都有权追求她。"他说，"何况，我比所有人都更了解她，追起来应该不难。"

他先等了一段时间，等她的不满情绪沉淀下来，然后再慢慢接近她。

那时快毕业了，她很迷茫。他就给她很多参考意见，让她看到多元的选择，和各种抉择的利弊，还帮她分析以后要怎么办：是要考研，考公务员和事业编，申请海外高校，还是去公司就业。

后来，她决定要进公司，阿伦便发挥他人力资源管理专业的特长，告诉她，大企业和小企业的优势与局限；进国企、民企和外企，分别可以锻炼哪些资历，需要什么条件；中英文简历要怎样撰写，在履历中，如何突出经验和优点，既真实客观，又扬长避短。

他不但关心她的学习工作，在生活中，他的举止也很暖。

每个月最难受的那几天，她的男性朋友，只会叫她"多喝热水"，女性朋友只会叫她"喝红糖水"，而他会给她送去黑糖，比红糖更加精纯和有效。

他知道她喜欢换饮料的口味，便准备了玫瑰味、桂花味、红枣味的黑糖，喝起来细腻甜蜜，有不同的浪漫口感，杯子里还飘着金丝小枣的果肉，清雅玲珑的花瓣。

时间久了，有些哥们就觉得，阿伦不必对她这么好，这么细心。

他们说："你是被分手，何必回去追她？她错了，你还对她这么好，让着她，不但委屈而且丢面子。"

阿伦却回答得很坦然：

"女孩子都有些小脾气，有时，她们'离开是想要被挽留'，分手不是对爱情的否定，而是对爱情的考验。恋爱中没有谁对谁错，只有适不适合，值不值得。我们真的很合适，而且我是真心喜欢她，想把她追回来。让着她一点，我心甘情愿。"

"那要是她真的不回来了呢？"

"至少我努力过了。"

这才是分手的正确打开方式。

若爱她，那就不再计较，光明正大把她赢回来。即使最后没有成功，也是堂堂男子汉，虽败犹荣立地顶天。

若不爱，那就不再纠缠，干脆利落从此离散。

就像在亦舒的小说《爱情之死》中，女主人公被分手，五年爱情一朝成空。然而，她经历一番挣扎之后，没有继续伤感，也没有怪对方，却跑到浅水湾去看影树开花。

这种树开起花，极其鲜艳浩繁，有着"爆炸性的震荡感，毫无委屈,激辣辣地开在树顶,那种盛况那种灿烂,这种颜色这种数量,都像强烈的爱情"。

爱情便是如此,像那满树鲜花努力盛放,最终是何结局,重绽亦或凋零,都了无遗憾。

感情的事,无非八个字:尽心尽力,无悔无怨。

## 03

分手之后,只有一种真正的英雄主义,那就是,在受到打击之后,既不加害对方,也不伤害自己,依然对生活抱持希望,保持乐观。

真正的英雄,在面对真爱的时候,不愿轻易放手,但是在尽力而无憾之后,愿意坦然放弃。

在爱情里,我不愿输,但我输得起。赢得光明磊落,输得宁静淡泊,也不枉爱过这一番。

何况,有时老天并不忍心,让真爱的结局不圆满。

几个月之后,阿伦和女友重归于好。

有过波折的爱情,有时,反而会更加保险和完善,就像曾发生过空难的航空公司,会特别注意飞机的养护和检验。

从此,他工作再忙,也会及时跟她联系,向她报备,不再让她缺乏安全感;而她的脾气也有所收敛,温柔大方十美十全。

他们都把如今的幸福,归结为阿伦的功劳。

分手时，若像阿伦那样，忍一时让一步，也许会终成眷属结果圆满；或像亦舒小说中的女主人公那样，放手随缘，便可成就彼此的碧海蓝天。

若像新闻中那位女子，怒一时错一步，便会积重难返泥足深陷。

在爱情中，我们都倾尽全力，都如此认真，所以当我们被拒绝时，不免心寒和难堪。因为我们值得被温柔以待，值得幸福美满。

然而有时，恋爱就像玩扑克牌，某一局的胜负成败，不仅取决于你的希望、牌技、努力，还取决于手气，和变幻莫测的概率。即使你很出色，也没有人能保证，你一定得偿所愿。

所以，何不做个牌桌上的淑女或绅士？若赢了，便微笑致意；若输了，也不失风度，洗牌重来，或淡然离场。何必要生气掀桌，整蛊作弊，伤人又害己。

要知道，分手时，毒性最猛的，不是水银，不是毒针，而是偏执的观念：认为他非我不可，认为我没他不行，费尽心思百般纠缠。

请不要做那种有毒的恋人。

请甩掉埋怨，就像甩掉毒素，一身轻松勇往直前，始终坦荡和昂然。

就像我们常说的，"态度决定高度，格局决定结局。"爱情里未必有永远的赢家，但是，比起一味消沉，比起钻牛角尖，我们永远都有更好的答案。

你奋力争取，至少不负初心；你愿赌服输，至少姿态好看。

## 哪怕失恋，也要有型有款

### 01

最近，方哥跟我说，他很郁闷，因为前女友老是给他发消息。分手一年，她依然微信频传，柔情不断。

"亲，节日快乐！"

"天冷了，多加点衣服，保重身体。"

"不知道你是否在想我，我走过那片碧绿的树林，又想起了你……"

她总要用各种理由来找他：逢年过节时，便送上祝愿；伤春悲秋时，就说说随感。

看着微信上不断跳出的小红点，方哥紧锁眉头，连声叹道："我们早就分手了，她这样，并没让我觉得情深义重，只觉得好烦啊。"

爱的时候，你黏人，对方会心甘情愿。不爱的时候，你再黏人，那就是一厢情愿。你心中的旧情难却，会变成他眼中的阴魂不散。

对于他而言，爱你，那余生请多指教；不爱，那余生请别打扰。

所以，请给他留一点空间，给自己留一点尊严。当一切彻底结束时,再多的联系,也不能把结局逆转。

分手,便意味着,一切清零,两不相干。相忘于江湖,再无曲折恩怨。辞行施礼,扬袖拂鞭。You go your way,I'll go mine——大路朝天各走一边。"永远别忘记我",是小学留言本上写的东西,成人无需痴迷于此,心心念念。

要知道,你在这里东一条西一句地问候,想唤起他的留恋,那边男生深悔没生在古代,那时一拍两散多简便,前任想传信,还要靠飞鸽鸿雁。现在倒好,有了手机,随身携带风花雪月,情债纠缠。

你若不理他,他有时还能想起你。说不定哪天回到你身边,让你在角落里奸笑:天遂我愿,人性本贱。你把他缠苦了,他是思想有多远,就能跑多远。

经营好自己就罢。

当过去的一切,烟消云散;那最好的姿态,便是风轻云淡。

02

我的好闺蜜L,便是如此。

读研究生时,她曾陷入一段不顾一切的情感:

她为了一个英俊却家境窘迫的男生,付出很多。她拼命打工,任劳任怨,挣到的所有钱,都用来支援他上学;她全情投入,全心付出,甚至一度为他流产。

而毕业前夕，他却甩了她，纵然她很漂亮。——因为一个姿容寡淡，却非常有钱的女孩。

这是他冷硬明快的盘算。饱一时艳福，不如少奋斗二十年吧。

那时，我以为L被毁了。那一对男女，早已经在女孩爸爸的公司里，得到了很好的工作。她却什么都没有，也什么都失去了。

她赌尽一切，满盘皆输。一定是百般不甘，千番不愿。但是，分手后，她从未找过他，从未和他说一句话。虽然，他的联系方式，QQ、微信、电话号码、电子邮件……她一概没删。

后来有一天，那一对出现在校园的林荫路上，手挽手，看起来情深意重，亲密无间。我和L却偏巧在那儿散步，走到路的另一端，跟他们打了个照面。

对她而言，那应该是肥皂剧一般的狗血虐心。看着曾经的情有独钟，看着内心的洗劫一空。

那一对颇为倨傲地走过来，甚至略带显摆。他们眼角微斜，似乎期待看到她的渺小煎熬。

可是L如入无人之境。我相信她看到了他们，却认为微不足道。清风艳阳中，她昂首挺胸，身影娉婷，施施然，与他们就此擦肩。

那一种翩然意气，倒惹得 EX 的目光流连忘返。但她那一双骄傲的眼睛，流光溢彩，却只看定前方的、晴明通透的蓝天。

"放下包袱恰好前行。我们还年轻，输赢未定。"关于过去，L只在朋友圈，说了这么一句。

没有爱情的羁绊，省下约会的时间，她把所有力量，投在培训和考证上，自律而专注，一路精进，孜孜不倦，最后拿下人力资源管理师证书，又通过全国翻译资格考试二级，卓然出众，进了待遇优渥的外企,也找到了心仪的另一半。

她终日微笑,淡静怡然,眼角眉梢春风招展。

不念过去,不畏将来,这样的姑娘,简直自带光环。

## 03

有时,生活会给我们俗套的剧情,但是,我们得还它一个不俗的表现。

想起那一天,她霸气而安然,迤逦而行的样子,我只有一个最妥帖的词可以描摹:style。她真的有自己的style——有气派,有型有款。

那一刻我终于明白,她不删前任的联系方式,不是留一个复合的理由、说话的借口。而是因为,他这个人,不值得她刻意想起,他的账号,也不值得她特意动手,删除,取关,拖进黑名单。

真正的放下,不是放声哭泣酣畅淋漓,不是删号码烧日记扔东西。而是他的一切都存在,你却仿佛忘却,不会留心在意。

失恋时,就该有这样的style。

情缘已断,就不再联络,不再为了无法收回的付出,怀念无法追回的时间;不再为了别人的错误,把自己惩罚得肝肠寸断。

哪怕当面相遇,也是视而不见,微笑不言。他们,不过是路人甲乙,与你并无关联。从此漠然,再无牵绊,不会总是惦记,手机里还有一个属于过去的人儿。旧梦无法重温,昨日不必重现。

分手后,想和他联系,想发给他柔软的万语千言,不是因为多么爱,而是因为心存执念,心有不甘。然而爱情中,总有无法弥补的遗憾,你继续追讨,也没法翻盘。对你好的人,不会让你的付出亏损;离开你的人,不会偿还他的亏欠。

　　所以,好姑娘,请愿赌服输,照价买单。而不是念念不忘,短信频传。那就像讨价还价,不断纠缠,搞得每个人都很累很烦。

　　请谢谢生活,给你这般考验。命运无非是在教你,怎样变得柔韧,绝地逆袭触底反弹,再出江湖再展眉尖。

　　每个坎,都是让你变得更强大的历练。虽然,我们有时不会很快认识到这一点。

　　我知道,不是每个人,被生活兜头泼一盆冷水,都能立刻大叹,免费冲凉痛快淋漓。不是所有人,被命运一脚踹进泥坑,陷于泥泞粘稠的郁闷,几经辗转爬起来,还能认为是做了个全身泥浆 SPA,洗去旧貌换新颜。

　　要甘心放下,重拾乐观,这需要时间的积淀。

　　假以时日,你终究会明白,真正的 style 不是说,你穿的衣服多么有型,而是说,哪怕这世道硬是给你罩上一身愁绪,硬是用失恋来给你考验,你也敢说,我还行,我很行。嘴角有执着明朗的笑,神采飞扬,自信满满。

　　哪怕要为这段情感买单,尚不以为然,仿佛是天生的望族贵胄,刷卡买下一件常人负担不起的大衣。

　　只要内心丰盛豪奢,千金一掷,不过毫厘,又何须悲叹。

　　诸般往事,皆付忘川,等到下一次花开春暖,两心相许,一世平安。

## 爱情只有回不去,没有什么过不去

① 01

我见到小鱼的时候,她模样憔悴。

黯黄的肤色,在精致粉底下若隐若现,眼神苍茫、游离,好像是在空气中,摸索某个不可知的点。面颊旁,碎发零落,在微风里幽怨地颤抖。

她觉得自己的爱情,没什么希望,但是却不知道,该不该和他断。

小鱼和男票,是大学时的情侣。

在校园里的时候,爱情多纯真呢,只要看得对眼,就爱得笃定。两个人,要的也简单。

在运动场,牵手散个步,他的掌心潮润温暖。脉脉无语,看月色清亮,便是春风沉醉的夜晚。

在学校旁边,喝啤酒吃烤串,烧烤摊上烟雾袅袅,椒盐和孜然的气息,在风里活色生香。

你看着他笑得那么开心的模样,忽然心念一动,只希望和他走下去，哪怕只是过这样平凡烟火气的日子，却有一世眷恋，一生执念。

坐在自习室，和他一起看书。那里很静，静到地老天荒。而你满脑子都是热闹的念头，想到婚礼上的轻纱和捧花，想到今后要生两个小孩子，金翅雀一样活泼可爱。

哪怕你们的爱情才开始不久，在心里，你却已经暗自陶醉，把幸福的一生，排练、预演和过完。

可是现实中的生活，哪里像我们最初的构想，那么简单纯粹，毫无波澜。

毕业时，小鱼进了一家私企。她想着小企业人少，自己负责的事情便多，诸般事务，学到得心应手，今后就可以独当一面。

可是男友却闹着要她考公务员，或者事业编。说她待在私企前途未卜，而且她爸妈没有退休金，他不想未来有太大负担。

人长大了，想要的东西终究不一样。有些人，年少时，在乎性格和眼缘；成人之后，讲究利弊和条件。

◯ 02 ◯

小鱼起初不肯，后来心软了，真的为他去考试。她很努力，熬夜看书、刷真题，累得两眼血丝，疲惫不堪，但最后却落榜。

从此，他便不如之前那样殷勤。一个月之后，小鱼在他手机里，发现一张陌生女人的照片。

"那是谁?"

他一开始不肯说,后来耐不住她没完没了的追问,便说那是一个相亲对象,"是个医生,我妈安排的,说她们医院效益好,不过我不喜欢她,也没见过她。"

之后,小鱼隔三差五就发现,他在不同的相亲网站,注册会员,到处撩妹,找的一律是工作稳定的女孩,清一色的独生子女,而且资料上"收入"那栏都很高,房车双全。

被抓包之后,他便苦苦告饶,说那无非是萍水相逢,偶然聊上几句,他并未认真,求她网开一面。

小鱼心里堵得慌,但不忍心苛责,只是潦草地说他几句,希望他念及旧情,慢慢好转。只可惜,她的宽柔,并没换来对方的改变。

他只是做得更隐蔽、更聪明,聊天和通话记录随时清空,联系人都换了男性的名字,让她无从查找。他不再为她花钱,换了银行卡的密码,也不再给她看信用卡的账单。

然而他也没有说分手。他不离开她,也不看重她。感觉他是优哉游哉,骑驴找马,在找到心仪的另一半之前,先拿她做消遣,慰藉这俗世孤单。

于是小鱼就郁闷了。面对这个男人,她不屑牵手,也不愿放手,感觉自己是陷入了一个泥潭,抽身不出,停滞不前。

说也奇怪。工作中潇洒泼辣的女孩子,一遇感情问题,却立刻变得迟疑、纠结、思前想后优柔寡断。

## 03

小鱼说,我也想过要离开他啊,可是,我有很大的心理负担,会想很多:

我年纪大了,过了这村没这店,离开他,怕是找不到更好的了。

我们已经处了这么久,现在轻轻放手,多可惜呀。

我们闹了这么多次,都没有散,一定是命里注定,要很爱很爱吧。

最糟糕的是,每次一想到要分手,她的心就疼,拧着揪着地疼。一想到过去,他曾经对自己那么好,就纠结起来,千头万绪藕断丝连。

是啊,每个爱上的女孩子都心软,都温柔,想起从前的点点滴滴,就欲罢不能。

那些早安晚安,一日三餐,风起时的围巾雨落时的伞。生日时的玫瑰,凝望时的眼。贺卡上的话,写得字字入心,虽然笔迹太难看。若吵架,他明明倔得要死,却肯先低头;若你周期性地闹脾气,他就温言细语哄你入梦,耐心、宽宥,不厌其烦。

这样的人,怎么也会变啊。

恋爱时,总以为我们情深义重,不会为现实所困,走到最后却发现,还是不能幸免。

但即使,冷硬的现实已经摆在面前,我们还是贪恋过去那些琐碎的小温柔,仿佛被浮云遮望眼。

看不到未来,不知没有他的生活会是怎样,生怕自己过不了这个坎。

## 04

唉,好姑娘,他只是一朵云,波心掠影,了无痕迹。他只是一朵云,看上去很美,其实,只是无法捕捉的水雾和虚幻。

在别处,你会有更美的风景,又何必,在没有前途的爱情里,苟延残喘。

真爱的表现,应该是争取你,没有条件的时候,也要创造条件。爱得没那么深远,才会放弃你,在条件不满足的时候,排除选项,见异思迁。

他口口声声,要你去考公务员,去考事业编,可他自己却毫不努力,工作懒散。好的爱人,会和你并肩奋斗;不够好的爱人,才会让你孤军奋战。

一个荷包单薄的爱人,若是爱得勤勉,就会为你创造稳定条件,积累丰厚财产;爱得懒散,才会指望你拥有稳定条件,手握丰厚资产。

他只希望找个职务稳定、家底丰实的女孩,一劳永逸改变现状。未婚时都如此,若真和他结婚,怎么指望他有责任和承担。

你总想着,过去为了这段感情,投资太多,注入那么多时间、精力和情感,割舍不下,情缘难断。

可是,经营爱情如同经营企业,连续亏损,永难逆转,本来就该破产清算。做错了的项目，就不值得再往里面砸钱。

你的资本，应该拿来赌未来，而不是赌昨天。不好的感情，就该断舍离，斩立决，而不是被套得牢牢的。拖得越久，越是积重难返。

我知道，你现在无法释怀，但至少，你可以试着取舍，去让自己好一点。

爱是一种习惯，而离开他之后的状态，你也会逐渐习惯。

虽然这时会很痛苦，因为爱情如罂粟一般，让人成瘾和沉醉，所以挥别的时候，那种感觉，就像是戒毒时的戒断反应，欲罢不能辗转难安。

那是你黎明前，最后的黑暗。你会最后对自己的感情，做一眼悲伤的顾盼。

曾经的纯真，不复当初。然而，生命是条单行道，你终究还要往前走，不负华年。

在张爱玲的小说改编的电视剧《半生缘》里，曼桢曾难过地说："我们再也回不去了。"

那又怎么办呢？爱情本如此，就跟生命一样，开弓没有回头箭。所有的事情都不能倒带，不能重来，只有一往而前。

爱情只有回不去，没有什么过不去。一切都会烟消云散，唯有你自己的快乐，才最真实。哪怕迷茫，你终究会抒顺内心，找到道路，仿佛船到桥头，车到山前。

只有相知，才能相守，只有相同的珍重，才值得留恋。他拿你当备选，你何苦拿他当唯一；他拿你当驿站，你何必拿他当终点。

放得下，走出去，才会发现更适合自己的，在下一个转弯。

## 前男友的婚礼

### 01

前几天,我一个同学,小林姑娘,在 QQ 上遇见 EX。当年,这位前男友劈腿好几次,还打伤过她,于是小林果断决定,不忠则弃,不善则分。可惜,这么多年过去了,她还是孤身一个人。

前男友遇到她,一点都不生分,大大方方来了一句:

"我过年要结婚,来参加我的婚礼吧!"

啥?小林被雷成一只荷包蛋,心如油煎,外焦里嫩。

我去参加你婚礼做什么?

让我看着你现在有情有义一诺成婚,想着你当年没皮没脸整天犯浑。你算是终成眷属,我却是所托非人。

谢了,老娘不受这个罪!小林想,干净利落,回了一个:

"滚!"

## 02

　　无独有偶，世界上好像还真有很多这样的前任。

　　小夕是个温和的女孩，前男友也很客气地请她去参加婚礼。她有些郁闷，但还是去了，毕竟在一起，相爱相守那么多年，好歹也算个熟人。

　　到了婚礼现场，小夕愣住了：

　　大屏幕上播放着 EX 和新娘子的照片：他们拍婚纱照时，去了美丽的滨海城市厦门，在温暖的波影夕晖中，印下定情吻。他们还旅行去了普罗旺斯，萦绕着这对爱侣的，是梦幻的紫色薰衣草香氛。

　　那是七年前他们相恋时，说好的约定：要去厦门的海滩拍婚纱，要一起在普罗旺斯的芳香中，迷醉沉沦。

　　如今这一切爱情里的幻梦，全部梦想成真，然而，却是和另外一个爱人。

　　而且，整场婚礼从头到尾，EX 一直对新娘关爱有加，体贴温存。

　　他鞍前马后，帮爱妻挡酒；他温柔地提起她长长的裙裾，像一个真正的骑士，优雅且有分寸。在角落里，他悄悄递给心上人，一张吸油光的面纸；而在灯光下，他深情凝眸，望着她、搀着她的样子，真的可以打满分。

　　小夕呆呆地看着，想起当年，他刚和自己在一起的时候，一点儿都不懂得照顾女生，总是那么笨。

看着看着，在别人的感情里，自己恍如隔世，心里充满了纠结疑问。

## 03

朋友聚会的时候，小林和小夕问大家：

为什么前男友结婚，我们这么难过，你们说，这是不是因为遇人不淑，流年不顺？

很多朋友觉得，林和夕应该还爱着前男友，所以拎不清放不下。我却觉得，除此之外，可能另有理由。

小林其实是在悲愤：我人畜无害善良勤恳，这样的好姑娘，却还是单身，凭什么他就能幸福？说好的善恶有报呢？他过去又骗女生又打女生，明明就是个坏人。

这就像一个乖学生，她好好复习认真考试，却没有得到理想中的成绩，但是同班的一个捣蛋鬼，欺骗作弊却得到高分，还堂而皇之拿了奖学金，你说，这是不是气得人有冤难申，无处理论！

小夕则是在酸楚：明明我遇见他的时候，他啥都不会，四体不勤五谷不分，还费了我多少口舌和气力，去好生调教引导。可是现在，人家居然成为绝世温暖好男人，体贴力爆棚，真是分分钟大变身。而且，我们说好要一起实现的承诺，你居然给了别人。

有的前男友，其实就像你曾经上过的学校。你来到那儿的时候，也许基础设施尚不算最佳，可能啥好玩儿的都没有，房舍破旧，偏僻狭窄，冬冷夏燥好伤身，生活起来也单调郁闷。于是你想方设法，向学校提建议，进忠言，学校也许诺，要以完成你的理想为己任。

终于有一天，学校给宿舍教室装了空调，修了新的大楼、图书馆、花园和运动场，开辟了新的校区，景色变得温柔喜人。可是这时你已经毕业离开，前人栽树后人乘凉，你倡议你期盼的那一切，sorry，你自己并没享受到一毫一分，只有后来人，在你们当初的承诺中幸福，岁月静好现世安稳。

### 04

有时，在感情里，我们心中抑郁难平，不只是因为爱，曾让人刻骨销魂，也是因为这样的不甘，令人刺心伤神。

可是林姑娘，如果从另外一个角度看，像 EX 这样差劲的人，都能经营爱情，而你，坦诚热情，具有更好的获得真情的能力，如果他都能幸福，你一定更可以。

生命中，总有一个时刻，让你最终知道，天不绝人的是青春，妙不可言的是缘分。所有的陈冤旧恨，上天自有公断，是非自有公论。

夕姑娘呢，要记得虽然他把温柔给了别人，可是，这件事，也让我非常叹慕你的能力，要有怎样的细腻与耐心，才能让男友在与你交往后，变成一个近乎完美的人。

虽然，你把一块毛坯打磨成了钻石，他却进了别人的展示柜，让人目眩神昏，可是，你要知道，足以打磨钻石的，自己也得是钻石，珍贵闪亮，美好坚韧。只需让世界继续看到你的美妙，终有人惊艳于你的价值，把你妥帖收藏，细心保存。

好姑娘啊，天要下雨，前男友要娶人，但别担心，好运轮流转，迟早有一天，你会身披轻纱，手捧鲜花，款步而出宛若女神，迎向满堂喜宾满座清芬。

结婚这事儿，从来都不是看谁幸福得早，而是看谁幸福得久，感情的题，他只是比你先写答案，可人生的卷子，还要看总分。

须知，好戏压轴，爱情里，迟到来的，往往是最重要的，如晚会上最精彩的华歌热舞，庆典上最绚丽的焰火缤纷。你所要的幸福，老天并不是不给，而是要花些时间，才能为你准备更大、更好的一份。

亲爱的，前男友的婚礼，又何尝不是你的洗礼，让你看清自己的好，变成新的人，最终，迎来你的心上人。

# 对不起,我不等你了

## 01

网友娟儿,曾经跟我分享过她大学时代的故事。

那一年,她大二,在文艺汇演上见到 Ray,他弹着电吉他,唱着一支春暖花开的歌。

那一瞬间,她觉得,这真是天下最帅的男孩子。

他额前的发丝,柔润,微鬈,像是有暗纹的深色丝绸,华丽且低调。他笑起来的时候,眼睛弯弯的,迷离而不羁,嘴唇的曲线很漂亮,微微撅起的样子,像个执拗的孩童,对着这个宠爱他的世界,肆无忌惮地耍赖。

于是,她就在台下,扬起头看着,在闪耀的七彩光束中,看得发呆。

我们常说:"世间所有相遇,都是久别重逢。"

是啊,当你遇见某个特别的人,你就会在心底猛然一动,觉得前所未有的亲切,似是故人来。

她特意找了老乡,打听 Ray 的情况。

他们说，Ray 不但能弹会唱，足球也踢得好，而且，成绩永远是他们班的前三名。

关键是，不管是音乐、体育还是学习，他从来都不上心。但是，他每一样都极出色。

世界上就是有这样的人，似乎，格外受上苍宠爱。他们什么都不在乎，但是，什么都手到擒来。

年少时，娟儿特别容易喜欢上这样的人，把他们看成男神。她觉得，那种轻而易举搞定一切的样子，实在很酷。

所以后来，她看到 Ray 报了第二学位，也去报名上课，只是为了离他近一点。

Ray 跟女生自来熟，谈笑风生间，他们很快成了朋友。娟儿帮他抄笔记、占位子、做 PPT，他也很爱和她聊天。

有时，聊着聊着，他就会专注地看着她，眼睛亮晶晶的，似乎有什么秘密要说。而正当她心里暗潮汹涌时，他却毫不在意地笑起来，笑得那么敞亮，那么坦率。

喜欢一个人的时候，你就会给他的一举一动，赋予无穷的含义。你会不停地觉得，他也对你有意思。但转瞬之间，你就会推翻刚才的想法，觉得这是自作多情。

然后，你就陷落在百转千回的情绪中，既失落，又无奈，感慨良多。

暗恋，是一种手足无措的甜蜜，也是一种惊心动魄的折磨。

终于有一天，娟儿不想再这样下去了。太纠结。

与其整天揪心挠肺，猜测 Ray 到底喜不喜欢自己，不如直接表白，听他怎么说。

年少的时候,她哪里懂得欲擒故纵,喜欢一个人就会和盘托出,带着一种直截了当的豪迈。

## 02

记得那一天,Ray听了表白,上下打量着娟儿。她双颊晕红、泛热,心里很是忐忑。

娟儿的容貌,温朴清秀。她有一双羞怯、晶莹的棕色眼睛,藏在浓密的睫毛下,仿佛是隐在幽林深处的静湖。她身材单薄,但匀称可爱。

她是个很好的姑娘,善良真纯,但是,在她迷恋的男神面前,她觉得,似乎再多的好,都不足为道。

果然,Ray把略长的卷发往额后一甩,仰天笑了起来,顽皮乌黑的眼睛里,有闪闪发亮的不屑。

"小娟啊,你觉得我们俩,可能吗?"他问,吹了声口哨,漫不经心地弹着响指。

"我……"娟儿一时说不出话。

她心里有个声音在嘶喊:可能,当然可能,你很好,但我也不差啊!

可是,她完全说不出来。

只要爱了,便是怕了。

无论在整个世界面前,你有多么骄傲放纵,多么平和淡然,在唯一的那个人面前，你却会缩手缩脚，畏首畏尾，在崇拜的仰视中，谦卑如尘埃。

可她很快意识到，她会这样卑微，不止因为自己喜欢他。

还因为，他不喜欢自己啊。

不喜欢你的人，才会在这掏心掏肺的时刻，依然高高在上，带着盛气凌人的做派，让你觉得自己真的好渺小，提心吊胆无所适从。

既然如此，娟儿也就不抱什么期待了。

对于追男神的女生来说，好的爱情，有两种。

一种是，我把你当男神，你把我当女神，彼此钟意互相疼爱。

一种是，我把你当男神，你虽然觉得我平凡，但愿意与我同享这凡世烟火。于是，你从云端走下来。

如果你一直摆着超凡脱俗、俯瞰苍生的样子，我也不会永远把你奉若神明，对你顶礼膜拜。

这不是娟儿要的感情。

Ray还在说："其实我觉得你性格好，人又体贴，但是，你不是我的菜，不好意思啊。我对外表要求蛮高，我喜欢8分以上的……"

"没关系。"她转身离开。

而Ray，也很快有了女朋友，是校舞蹈团的，一个容貌身材俱佳的姑娘。

娟儿经常在学校里遇见他们。那个女孩，星眸雪肤，双唇晶亮魅惑，涂着斩男色的口红。她喜欢穿玫瑰粉的小吊带，胸前春光满盈，呼之欲出。

Ray 凝视她的时候,满眼温存怜惜,娟儿看了,心里便绞疼起来。

### 03

后来,有一次周末上课的时候,Ray 没来。

听同学说,他今天被女朋友甩了。女友隔着屏幕,跟他说分手,连一个当面挽回的机会都不给。那么骄傲的他,一时想不开,窝在寝室颓废呢。

据说,他女友做平面模特的时候,认识了一位传媒界的多金大叔,回头就跟 Ray 说了拜拜。

娟儿听到这个消息的时候,不知道该悲伤还是该庆幸。

在《陪你度过漫长岁月》中,安东尼说:

"我原来以为,亲眼目睹自己喜欢的人爱上另一个人,会很难过,想不到,看到自己喜欢的人失去另一个人的时候,会更难过。"

但是,毕竟他又单身了啊。

对于喜欢过的人,你总是会等待,会怀抱着一点执拗的念想。

因为不甘心吧。未得到的东西,即使有缺点,也总是最珍贵,让人满怀期许。

那一刻,娟儿觉得:"既然他单身,那么,只要我更优秀,我的机会迟早会来的。"

她只是没想到,这个机会来得那么快。

当天深夜,娟儿忽然接到 Ray 的电话:

"小娟,我喝多了。"

"那你喝点白糖水吧,解酒。"

"我不想喝什么糖水,我想你陪陪我。"他固执地说,声音带点傲娇。

她默然。

"小娟,你说过,你喜欢我的。"

"你喝多了。"

"我喝多了才敢跟你表白呀,乖,和我在一起吧。"

娟儿曾经多么盼望这样一句话,真的听到,却觉得心口皱缩起来,冷且悲哀。

"喝多了,就早点休息,"她说,"晚安。"

04

感情,是深思熟虑的笃定,不是脱口而出的表白;是锦上添花的美好,不是雪中求炭的依赖。

真爱你的人,尊重你的人,会在平时与你分享生命中的美好,而不是在特殊的时刻,希望你呼之即来。

有人说,忘记一段感情的方式,就是立刻开始另一段感情。

没错,这就是 Ray 的做法。所以在失恋的当天,才会那么着急。那是急不可耐地摆脱悲伤，而不是迫不及待地追求快乐。

然而，女生的爱情极贵重，是典藏的红酒、珍稀的茗茶，用来品味欣赏，而不是应急的绷带、消炎的膏药，用来治疗伤口和悲哀。

在娟儿的心里，她要的那个人，他爱她，是因为想和她经营未来的爱，而不是想靠她愈合过去的爱。

爱情可以被无视，但不能被轻视；可以被否定，但不能被利用。

"对不起，Ray，既然你这样看待我的感情，我就不等你了。"娟儿默想，"我喜欢过你，但，我不是你立等可取的备胎。"

爱情里，我们都有自己的标准。

有些男孩，像Ray，在阳光灿烂的时候，他的标准是有长相，有身材；在愁雨连绵的时刻，他的标准是懂温柔，会疼爱。

而娟儿的标准，自始至终，只有一个：

我是你身边的独一无二，是你心里平等而温暖的存在。

## 第一批九零后,已经不敢再爱了

### 01

阿岚跟男友在一起的原因,其实很简单。

男友是她的同学。有一天,走在街上时,他拉住她的胳膊,让她走人行道内侧,他护在外面。

她的眼神,瞬间柔软,而他,则对她轻快地笑了一下,春风般温存。

似乎,从那一刻开始,两人之间的气氛就迷离起来。于是,阿岚落寂已久的心,砰砰跳动。

年轻时,喜欢上一个人,似乎是那么轻而易举,只需要一个机缘,一点感触,一个风和日暖的微笑,一个怦然心动的瞬间。

然后,心里一点一点温柔沉醉,一点一点春水微澜。她一点一点热情靠近,直到彼此的生活,错落与纠缠。

最初相爱的那段日子,是很甜蜜的,甜蜜得让阿岚晕头转向。

每天早晨,她都是笑着醒来;每天傍晚,她都会和他一起自习。曾经最痛恨的题海书山,有他在,就变成情海仙山。

那时,她的幸福,纯粹通透:只要看到他,一颗心就扑簌簌地颤抖;只要说到他,就有铺天盖地的温暖。

恋爱中的女生总是相信,这种好日子能永远持续下去,无论过多少年,两个人都能一如初见,永如初恋。

但是,有时候,最初的甜美时光一旦过去,人就会发现,甘蔗没有两头甜。爱情里,人会享受最初的美好,也会承受最后的辛酸。

(02)

两年之后,阿岚跟男友分手。内中原因,更是简单,简单得甚至有些俗套。

生活,有时就像个没创意的编剧。日光底下,并无新事,同样的狗血与煎熬,在这红尘凡世,总是一再上演。

本科毕业后,为了男友能专心考研,阿岚揽下所有家务,拼命兼职挣钱,供养两个人的生活。她累得昏天黑地,却努力强撑。

为了多赚点钱,她经常同时打好几份工,去做电话促销、淘宝客服、化妆品代理。

每到周末,还要穿上不透气的玩偶服,扮成皮卡丘或小黄人,在步行街走来走去,揽顾客发传单。

在炎热的夏季,一天下来,她会闷得酸汗满身,头晕气短。而在冬天,她穿得本来就多,再套上厚重的壳,会累得四肢僵直,好像身体里灌满了铅。

挣到辛苦钱之后,她总是给男友买最贵的深海鱼油,买进口的 DHA 和胆碱,只为了让他安神补脑。而她自己,却舍不得多吃一个白水煮蛋。

那一年,男朋友考上了 C9 院校的研究生,拿着她给的学费,远赴上海,不久便把她抛在脑后,觉得她太过平凡。

但善良的她,浑然不知,依然给他的支付宝按期打钱。

就像米涅说的那样:"越是善良的人,越是察觉不到别人的居心不良。"

更何况,心中有爱的人儿,双眼自带柔光滤镜,看到的一切,都是经过修饰的美好,自己脑补的安全。

她把他的冷漠当成忙碌,傻傻地安慰自己:他是在专心攻读,想给彼此一个更好的明天。

03

这种自我安慰,持续了很久,直到有一天,她抱着一堆家乡特产,也抱着突如其来的想念,跑到他租的房子。

没想到,她期待中的意外惊喜,变成预料外的当场捉奸。

她曾经固执地认为,两个人的爱情,终究可以修成正果,一辈子同看华枝春满,天心月圆。

到头来,她却终究发现,有些人的感情,抗不过岁月,更抗不过新欢。你以为的长相厮守,却是别人的过眼云烟。

分手后,她收拾了简单的行装,昂着头,负着气,一个人跑到广州去,在陌生的都市里打拼。

三年时光,转瞬飞逝。有一天,我跟她视频聊天。

视频的那一端,她穿着宽松的棒针毛衫,浮粉的脸颊有些虚肿,闷青色的长发,有气无力地搭在肩上。

"累了就回来吧,我给你介绍男朋友。"我心疼地说。

"不!"她全身一抖,"我不需要男朋友。"

然后,她又连忙补上一句:"工作使我快乐,有工作就够了。"

她笑着,故作开朗的微笑底下,有无法掩饰的苍凉,前尘往事,都堆积在眉眼。

曾经那么迷醉于爱情的女孩子,如今一提到感情,却表现得极度抗拒,沧桑席卷容颜。

作为九零后,阿岚还那么年轻,在爱情面前,却已经是元气大伤的样子。

有多少人,也像她一样,爱的时候无比真纯,倾尽所能;分的时候,遍体鳞伤,积重难返。

阿岚曾说:"爱了就伤了,伤了就怕了。我们这一批九零后,已经不敢再爱了呢。"

是啊,她就像九零后的流行语里说的那样:"感觉不会再爱了。"

每次看她这样,我就想到自己公寓后面的一座山。

## 04

我公寓后面有座山,前几年起了森林大火,本来翠绿秀美的山峦,被烧成了满目疮痍。

几年过去了,山头依然是光秃秃的,裸露着黄土和青灰色的岩石,往昔的佳木葱茏,一去不复返。

年轻人的爱情,往往也如此,像一场迅猛而惨烈的山火,席卷心尖。某一天,TA那一点微不足道的好,像小小的火星一样,坠入你干枯已久的心,从此,干柴烈火,星火燎原。

这段感情,让你付出了一切,它烧尽了你心里所有茂盛的爱和信任,也将心田中温软的沃土,烧得板结、生硬。

从此以后,你的心头,寸草不生,凄凉一片。即使时光流逝,那份萧瑟,还是显而易见。

爱是我们与生俱来的能力,然而,爱情却不是可以迅速再生的资源。

爱的执着、爱的勇气、爱的真纯,都像那满山的森林资源,需要很多年的生长,很多年的积攒。如果有朝一日,它们被烧光用尽,化为青烟,那就很难在短时间内,重生和复原。

十年树木,百年树人,千年才能修得白首同心的安全感。如果千年道行一朝丧,从今往后,又怎敢轻言爱情,携手缱绻。

所以,一定要珍惜你的爱情,珍惜这易耗易损的资源。

不要因为寂寞,因为家人催,因为别人都有伴,就随便爱上一个人,更不要因为他那一点随手分发的美好,就沉浸其中,无法自拔。

你对他的好感,需要考验;他对你的真心,更需要检验。好的爱情,不是一时冲动,而是一世不变。不是聊慰孤单,而是互相成全。

不爱,无非是寂寞;爱上了再失去,却可能带来终生寂寞,让心头恒久荒凉。不如留得青山在,等到那个懂得珍惜、懂得感恩的人出现,与你相看两不厌。

太深的动心,太快的认定,太多的投入,都会让你痴心绝对,蒙蔽了双眼。

因此,亲爱的,某一天,当爱情降临,你要慢一点,再慢一点。

假以时日,你才能分辨出,谁是真情实感,谁会移情别恋;谁是长久钟爱,谁是突如其来而又不负责任的喜欢。

在这爱情的江湖,该相逢的小儿女,总会相逢。从今往后,此情不移,绿水青山。

在这爱情江湖

相逢的人　总会相逢

看此情不移　绿水青山

## 爱对了是爱情,爱错了是青春

01

阿默毕业之后,进了公司,开始做普通文员。

那时,她隔壁的格子间里,来了一个实习生,听说是985名校毕业的。

从正面看,他不算很帅,但他的侧颜却格外好看:

睫毛修长,有着撩人心魄的微卷,瞳仁晶黑,嘴唇像孩子般柔和,略有棱角。

看他的侧影轮廓,精致且凛然,所有线条的起承转合,那么微妙,一切都恰到好处,不容半分增减。

他很专注,目光凝在文件上,岿然不动,手边一杯拿铁,薄雾缥缈,倒衬得他气质清幽,像一位出尘修炼的上仙。

有些人第一次见,便觉得不同寻常。他身上总有些什么,或是才学,或是潜移默化的气场,让你屏息与仰望,心里暗自赞叹。

看到他时,你会心头微悸,还未和他搭上一句话,心里面却已经想到一辈子的地老天荒。

而且,他那种傲然出世的冷淡,那种沉默寡言的神秘感,都让她非常好奇,格外想要了解和接近。

然而,阿默并不知道要怎样接近他,也不知道自己有多少胜算。

她性格温软,身材微胖,圆圆脸,柔长娴静的碎发,在所有同事中,算不得显眼。

她没有什么值得夸耀的长处,只喜欢吃着零食追剧,喜欢做饭,喜欢周末时睡个昏天黑地,眯着眼睛,打着哈欠,小猫一样驯顺和慵懒。

不过,猫咪懒的时候,是真的懒散;需要行动的时候,却也是迅捷矫健疾如闪电。

她立刻不加掩饰地,向他表达好感。

平时早晨,她会给他带来自己鲜榨的玉米汁、小麦草青汁,鹅黄翠绿的颜色,春意盎然。还有手做的小笼包,褶皱精巧,洁白暄软。

公司出游的时候,她殷勤地坐在他旁边,悉心照料,两人的目光总是不经意相撞。他若无其事,她却满面羞赧。

她的情意,平铺直叙一目了然。可是,他始终是那样,看起来,太清冷,太疏离,近在咫尺,却仿佛远在天边。

不过,他却也不抗拒她的好。他只是不太合作,不会和她演对手戏,但是,他会饶有兴致,看她独自表演。

就有朋友提醒阿默:"你根本不了解他,他大概只是想和你暧昧,你不要一厢情愿。"

而她则回答:"我那叫心甘情愿。"

我们都只能年轻一次，而短暂的青春中，又能有多少次的蓦然心动呢？

没错，我是不了解他，但两个人终究会互相熟悉，只要有一个人向前一步，先迈出起点。

## 02

阿默就这样，鸡血满满地努力着。

然而，在男神那方面，微信他发得零散，回得简短，对她的邀请，他总是说没有时间。

那天她心灰意冷，坐在自己的位置上，浑身乏力，呆呆地盯着一小盆碧绿的多肉。忽然，她散落的余光，发现他趴在格子间的板壁上，往她这边看。

"我有两张赠送的电影票，新上映的大片，要不要一起去看？"他问。

恍惚间，她竟以为听错了，跟他反复确认了好几遍。

有些人，也许并不是毫无反应，而是被动、慢热，在情感上，反应的速度，比其他人都要迟缓，不会立竿见影地响应你的试探。

你以为他的心是一片荒漠。然而你身处其中，口干舌燥几近绝望的时候，却发现了一汪清冽的甘泉。

或许，有些人的爱，是一开始就爱如潮水，席卷沙滩；而有些人的爱，则需要慢慢积淀，聚沙成塔积水成渊。

那次看完电影之后,他们意犹未尽地逛了夜市,周末又一起去了植物园。

他们就这样一点点累积着好感,终于在一起了。那一晚,说不清是谁先牵起谁的手,光影朦胧中,一切都是水到渠成的自然。

打那以后,阿默高兴得直蹦,拉着男神,举着自拍杆,走到哪里拍到哪里。

不过,在每张自拍上,她都是瞳孔发亮,欢欣雀跃眉开眼笑。而男神虽然面带笑意,却总是侧着身体,或是低着眼睛,躲闪着镜头,似乎并不觉得终成眷属,志得意满。

但阿默不太介意。这段感情,本来就是她爱得多一点。而且,说不定以后,男神会更爱她呢?

感情里总是有峰回路转,花明柳暗。

## 03

周末的午后,阿默拖着一筐衣服,走到洗衣机旁,习惯性地去掏衣服口袋。

从他的风衣里,漏出一枚旧钥匙链,上面有个女孩的大头贴。她很美,比着剪刀手,带着一种咄咄逼人的娇艳。

阿默去问他。他微微叹息,目光忧抑深远,却也没有避讳,或者隐瞒。

那是他四年的初恋,大学时代的女朋友,性格和外貌一样火辣迷人。毕业时,两人约定,一起申请美国的研究所。她有着所向无敌的 GPA,所以最终她去了旧金山,去了心仪的学校,他却落选。

从此,两人在太平洋的两端,孤单地瞭望,夜不成眠。渐渐这份感情就淡了,散了,不知道该怪罪时间还是空间。

然而她现在要回来了,给他传了信息。于是,他把那枚当年的钥匙链找出来,揣在口袋里,有时掏出来看看,冥思苦想,要不要去见她一面。

阿默那时才恍然大悟。

她早就发现,他跟一般男生不一样,不看球赛,不打电玩,一脸落寂,似乎不食人间烟火,似乎除了工作之外,心里装不下别的。

她以为他是性格寡淡,自来如此。今天她才明白,那寒气逼人的冷漠,是为了把一份他最珍视的情感,冻结和保鲜。

她把他看作是男神,而他却有自己的女神。她本是凡俗女子,怎赢得这一场诸神之战。

当他说完了,以为她会发脾气。

然而阿默却只是恍恍惚惚地梳洗,睡下,在凉薄、黑沉的夜色中,抱住自己,蜷成一团。

她一夜无眠,却没有发火。因为,温柔不只是一种性格,更是一种选择,一种习惯。

早晨起来,她请了假,搬空了房间里自己的物品。等到下班回来之后,他发现屋子里空荡荡的。

那些有她体温、气息的物品,一切有着女生特性的东西,柔暖的衣服、温润的摆件、娇俏玲珑的饰品,原先把厅堂和卧室簇拥得满满当当,现在则全部消失了。

房子一下变得冷清死板,开阔而萧瑟。他孤单地站在这里,一个人,仿佛被遗弃在四野冥寂的荒原。

有那么一瞬间,他觉得内心空洞,摸索着手机,想要打电话挽留她。后来一转念,又觉得不必。

叫她回来,终究是不公平。

她就像一支舞曲,在他寂寞的时候,那热情洋溢的旋律,曾经慰藉过他。然而,她始终只是他生活的伴奏,在他心中,只有那个独一无二的舞伴。

他不能看重她的爱,但至少,要敬重她的尊严。

在公司再相遇的时候,她还是像往常一样,慵懒,平和,对人暖意融融,就像阳光下一片寂静,波光粼然的海面。

你永远看不到,在这样的外表下,有悲伤的洋流涌动,看不到那凄清阴暗的海渊、惊心动魄的涡漩。

## 04

结婚前的一天,他陷落在椅子里,犹豫了很久。他拿着喜帖,手指在烫金的字体上,摩挲良久,不知道要不要把这给阿默。

若是举行婚礼,连招呼都不打,似乎有点恩断义绝的漠然。如果邀请她去,似乎又不够体谅,有些冒犯。

最后他拿着那一抹鲜丽的红，踌躇不决地站起来，一眼就看到她正在望着自己。没法遮掩了，他只能把喜帖递过去。蛰人的颜色，在空气里微颤。

她沉稳地接过去，表情不变，用英语说了一声恭喜。不用自己的母语，似乎就可以不要代入什么情感。

看着阿默平心静气的模样，他不知道应该释然，还是应该惋惜。

他甚至不知道，自己这次结婚究竟对不对。

他其实很清楚，新娘回到他身边，并不是因为他是她的最爱，而是因为，她在大洋彼岸，爱情失意，所以她心中带着那个不可能的人，像一个受了伤的孩子寻求安慰那样，跑回他这里来，寻求依靠和温暖。

然而他还是决定要娶。

有些人，因为得不到真爱，宁可一刀两断；而有些人，为了得到真爱，甘愿委曲求全。

他颓然坐下。

而阿默，则拉开最靠下的抽屉，找出一本陈旧得如同泛黄时光的业务书，把喜柬夹进去，关上抽屉，就像轻轻合上一扇通往过去的门。

有的爱情，最好是躺在尘封的黑暗中，成为岁月的一枚书签。无需浏览，只是纪念。

爱对了，便是爱情；爱错了，则是青春。

有时，我们甚至不分是非对错，只要心头安然，觉得了无遗憾。

年轻的岁月，总有各种得失悲喜，一如昼夜更替，海潮起落，唯此，生命才不会苍白平淡。

青春里最优美的章节，未必是修成正果，而是肆无忌惮。未必是得一人终老，长相厮守，而是忠于本心，永不背叛。

相守，未必是最好的圆满；相离，却是最后的成全。

爱了，便勇往直前；散了，便潇洒果断。

纵使无缘，却是无怨。

## 愿有岁月可回首,且与吃货共白头

### 01

他望着她的背影。

她正在海滩上散步。金红色的夕阳,余晖温暖。她穿着洁白的裙子,走在霞光波影中,轻盈飘逸。

而他心中,却有沉重的焦虑。这个清秀修长的少年,整理领口,抚平衣襟,又清清嗓子,却似乎,始终不敢走上前去。

如果今天不表白,就永远来不及了。

她是他的学姐。遇见她的那一年,她大二,他大一。

因为来自同一个地方,在老乡会上,他们认识了。当时,很多人说说笑笑,在一起吃东西。

她叫小倩,长得也娇小,但特别爱吃。辣条薯片兰花豆,瓜子花生砂糖橘,还有大份的水果奶昔,吃起来爽快利落,百无禁忌。

安静少言的他,不由得多看了她几眼。她那活泼自在的样子,让他心生好奇。

初夏的时候,他经常看到小倩,坐在林荫道旁的木凳上看书。

她身穿薄软的青衫，纯白的牛仔短裤。光裸温润的两只小脚丫，穿着球鞋，悠闲地摇来摆去。

她睫毛低垂，看着手中的书本。芒果树的枝叶，在她头顶，撑开翠绿透明的华盖。微风摇动，树影轻移，温暖活泼的光斑，在她身上嬉戏，好像有魔法的小星星。

她永远是那么自然，毫无矫饰，这让他的心温软起来。

有一次，当她收起书本，跳起来准备走的时候，似乎在冥冥之中，感应到他的凝望，竟回头向他看了一眼。她眸子黑润，眼神鲜洁，羽睫忽闪忽闪，唇边有明亮可爱的笑。那一瞬，他的胸口，仿佛受了温柔而灼烈的一击。

生活中，你永远都说不清，哪一刻会是命中注定，心有灵犀。若爱情如诗，总会有某个眼神、某个瞬间，为这诗篇，写下第一个字迹。怦然心动，却了无声息。

后来，他们又有过很多相遇的时刻。

在校园里，她穿着清新简约的小裙子，走过他身边，总是亲切地打个招呼，就毫不经意地离开。她步履轻快，潇潇然，宛如斜风细雨。

而他呢，明明有千言万语想要告诉她，却总是语塞。等到她走了，又恨自己嘴笨，不知道从何说起。

## 02

他稚拙地想，既然小倩爱吃，那就投其所好吧。

他选修了一门叫《美食制作》的课程。别人修这门课，纯粹因为有趣，因为老师会带大家烘饼干做甜点。而他只想着，当他把亲手做的点心，拿给她吃的时候，她该有多高兴，灵俏的细眉细眼，必定是笑开了花，满是欢喜。

上第一节课的时候，他喜出望外地发现，小倩居然也选了这门课，就坐在他前面不远处。从此之后，上课时他格外卖力，揉面团，调鸡蛋，显得手脚麻利。然而她只是淡淡地，视若无睹。

有一回，老师鼓励大家，要彼此分享自己的作品，互相试吃，互提建议。

趁这个机会，他便想给她做些好吃的。他费了半天工夫，烤了一盒香阜奶油曲奇，酥脆甜蜜。做其中一块的时候，特地用了心形的模具。那代表他想送给她的心，一心一意。

他走到她身后，捧着温热的饭盒，叫着她的名字。

没想到，她嗖地一回头，浓密的马尾辫顺势飞起来，呼啦啦扫满他一脸。他感觉到一阵细碎的抽疼，同时，她的发丝，那样芳香绵软，又引起一阵温柔的心悸。疼痛和魅惑，突如其来交错在一起，他手一抖，饭盒"哐嚓"一声砸在地上。

他精心烘制的饼干，还有那一颗特别的心，零零散散，碎落满地。

后来他又试过几次，想要用美食向她示好。可是，他总是用力过猛,制作食物时,不是用料过度,就是烧焦东西。

有时,我们想要表白的时候,总是各种不顺。明明卯足了劲头,要给别人一份心意,却出师不利,时运不济。

似乎爱了就笨了,不再是从前那个清醒淡定的自己。

于是他想,既然追求她的时候,运气这么背,那就吸引她吧,也许能让她来追我呢?

## 03

春天,学校组织了"食神大赛",让大家一展厨艺。他无意中听说,她要去观战,便暗自开心。他努力练习了几道菜,想要在大赛上,给她留下最好的印象。

比赛那一天,他做了两个漂亮的冷盘,然后要做一道爆烧辣子鸡,因为她无辣不欢。

他将花生油烧到醇香滚热,加进花椒粒,和新鲜嫩黄的姜片,用文火轻炒,燎得滋滋作响。尔后,他娴熟地撒进其他佐料:葱叶嫩绿,蒜头洁白,月桂叶发出辛辣妩媚的香气。

最后,他一扬手,撂进鸡块,娴熟地撒盐,加糖,翻炒,颠锅,手腕微转勾入料酒,青雾缭绕间,一缕从容自若的神色,沉淀在眉宇。

他气定神闲,笃定地握住锅柄,甩动食材,只见一股烈焰,嘭地一声,从油锅里明艳地开出花来,那一刻,他仿佛一位手握火焰魔法的巫师，技艺精湛气度轩昂。

那一瞬间，台下的女生，包括小倩在内，个个眼睛闪亮，看得着迷。

而就在那一瞬，他怪叫一声："哇啊啊啊！"一把将锅丢了出去，然后胡乱拍打自己着火的小围裙，就像一只茫然失措的小企鹅，又蹦又跳，用鳍敲打着自己。

油锅起火是个意外，并不是他炫耀技艺……

火很快灭了。但围观群众却面色失望，纷纷离去，而他只能眼睁睁地，看人潮簇拥着小倩离开，仿佛流水卷走一尾轻盈的游鱼。

那一瞬，他多少期望她回头看他一眼，撷取到她眼中的关切与在意。然而，她并没有。于是，他把烧焦的围裙扔在台子上，闷着头，开始收拾满地狼藉。

时光如白驹过隙。很快，就到了她大四、他大三的这一年。

在小倩毕业离校前的最后一天，他听说，她已经签了一份外地的工作，要离开这个海滨城市。他便知道，有些事情，若现在不努力，以后恐怕永远来不及。

那天，他跑到学校旁边的海滩，望着她的背影。这里似乎是她最喜欢的散步地点，常能在这儿看到她，不期而遇。

他站在那里，紧张地整理着衣襟，却不知道什么时候能鼓足勇气。他就像一艘等待风来的帆船，总希望有什么事情，能给他饱满的动力。

于是，他默默在心底祈愿：如果她回头，如果她正好看到我，那就说明我们真的有缘分，我就冲上去表白。

她眺望着流光溢彩的海面，似乎沉醉其中，凝然不动。

然后，她果真回过头来。仿佛天意，两人的目光正好挽成一个结。他赶紧走上前去，打了个招呼，聊了几句无关痛痒的话。

之后，他准备开口。可是，他已经排练好无数遍的话，那些铺陈，那些表达，那些美丽而情意绵长的句子，到了嘴边，却变成了一句："你要毕业了，我陪你再吃一次学校对面的夜市吧。"

从夜市走出来时，天色已晚。疏星淡月下，她的眼神柔软、闪光，身影也显得朦胧，像是椰子林间的精灵，不属于这凡世。他知道，他必须伸手去把握她，否则，她会永远这样缥缈，可望而不可及。

带着始料未及的勇气，他转向她，问道：

"你愿意跟我在一起吗？"

她愕然地望着他，手里的烤鱿鱼啪嗒一声掉在地下。

"我从来没有想过。"她回答。

他垂下头，脚尖揉搓着路上的沙土，喉咙里酝酿了一声深长的叹息，却听到她接着说：

"我从来没有想过，你会说得这么直接……不过我愿意。"

## 05

四年之后，小倩站在新娘专用的化妆间里，穿着蓬松轻柔的蕾丝，仿佛全身云朵纷披。她步履轻盈，在屋子里绕了几圈，心情激动飘忽，似乎是在天际漫步。

她想起来，当年在老乡会上初次遇见他。那时他十分文秀，穿着工整的格子衬衫，一双干净的球鞋，眉目温柔，身上仿佛有森林和青草的气息。她芳心暗许，但又十分紧张，所以才会大快朵颐，不停地吃啊吃，来安抚她的焦虑。

是啊，是她先喜欢他的。所以，她特意坐在他宿舍旁的林荫道，一边看书，一边不停地回头张望，等他路过。所以，她会打听他选什么课，然后也去选。

在选修课上，那一次老师鼓励大家，互相交换自己做的食品尝鲜。小倩就一直想，他会不会来跟我换？当她听到他叫自己，就无比激动，结果猛一回头，把辫子甩了他一脸，他的饼干吓得掉了一地。

食神大赛的时候，他大出洋相，她只是默默离开，并没有回头。因为那是他的尴尬时刻，她觉得，他不会想要任何人记在心里。

毕业前，她每天都在海滨散步，因为她知道，那是他常去的散步地点。

喜欢一个人时，我们会珍惜每一次相逢，想要把对方的每个眼神和表情，收藏在心中的锦盒里。哪怕有的话儿，最终还是无法说出口，长相思变作长别离。

在不爱的人面前，我们无所畏惧；但是在喜欢的人面前，却矜持而压抑。年轻就是倔强，而倔强就是身不由己。明明关切，却要装作疏离；明明喜欢，却又闭口不提。

但年轻时，我们又那么矛盾，外表装作毫不在意，心里却依然忍不住，要出现在他常去的地方，展示自己，也给他一个表白的机遇。

那一晚，他在海滩上，祈祷着她回头，却不知道她那天已经回了多少次头，脖子都发酸了。她顾盼回首，就为了等他出现，在毕业前，再跟他聊上几句。

据说，前世的五百次回眸，才换得今生的一次擦肩而过。她经常想，大概自己前世没干别的事情，光是回头了，才能攒下运气，让他找到自己，守着自己。不过，她今生也很努力呀。

爱上一个人时，要有多么用心良苦，才能装作偶然相遇。要有多么用情至深，才能装作毫不在意。

爱情里，总要有一个人主动出击，表达爱意；也总要有一个人暗中襄助，提供时机。观众看到的结局，是皆大欢喜，但是美好的故事，往往不止一个编剧。

纵有波折，最终依然聚首。相爱变成不犹豫，相聚变成不分离。

小倩想着，面颊飞红。她对着镜子微笑，忽然发现他的身影，映在化妆镜中。一回头，看到他的脸，笑意盈盈一如初见。他身上，还是那股好闻的气息。

"亲戚朋友在外面等我们。"他说，"还有满桌子的美食哦。"

他握住她那钻戒闪耀的纤手。

愿有岁月可回首，且与吃货共白头。

让我幸福的

是地久天长 平淡温暖

用早餐 相视而笑

道晚安 相拥而眠

## 暧昧无边，回头是岸

### 01

朋友丹丹，最近被一个"小鲜肉"撩了。

他们在一次脱单活动中相遇。那个男生清秀阳光，穿着干净简约的毛衣、白衬衫，举手投足，温柔徐缓，颇有绅士风范。他会帮她拉椅子、递甜点，也会轻轻俯到她耳边，说着俏皮话。暖热而幽默的话语，拂得她耳垂微痒，逗得她花枝乱颤。

他笑起来，也特别迷人，唇边勾起一道轻盈的弧，眼角眉梢，柔情弥漫。

活动现场有很多好看的妹子，百媚千红，乱花渐欲迷人眼。可是，他却像一只情有独钟的蝴蝶，绕着她飞旋。

见过面之后，两人偶尔会在微信上聊天，说说明星热点，天气冷暖，问问对方在做什么，有没有吃饭。

聊天时，他的语气亲昵，回复的速度却很慢。聊不到几分钟，就说他忙，以后再见。

丹丹弄不清他的想法，不免心烦。

"你说他不喜欢我呢,他对我又特别和善。你要说他喜欢我呢,认识一个月了,他都没约我出去。"丹丹说,"他总是说忙,可是谁会相信,他忙得没时间一起吃个饭?"

想想也是,男生哪有那么忙呢?

哪怕在过去那个没有电脑、没有办公软件的年代里,车马很慢,效率极缓,然而,当皇帝的日理万机,仍有时间三宫六院,风流缱绻;做文人的读破万卷,仍有时间相思入骨,想着美人如花隔云端。

在爱情里,所谓"很忙",无非是个百搭的借口,方便的遮掩,既可以隐藏自己的犹豫不决、优柔寡断,也可以争取机会,拖延时间,留备胎在手,等女神出现。

甚至还有一些男孩,在感情里,试图以此赢得主动权,等待对方着急、慌乱。

这就像商务谈判时,有人老谋深算,故意举棋不定,举步不前,那你若是急着签下这一单,就必然要倒贴、让步,赔上笑脸曲意承欢。

"要不然,就别管他了。"我们劝道。

"可我真的喜欢他啊!虽然只见了一面,但我就是有一种感觉,我们有缘。我们特别聊得来,看他的言谈举止,我觉得,他一定也喜欢我。可是我现在,根本搞不清他在想什么!"

她抱怨,满脸写着"好烦好烦"。

## 02

三个月之后,她还是在同一件事上纠结、心乱,推测对方,有没有情意;检讨自己,有没有缺点。

她也会主动给他发消息,问他的想法。然而,他的回复,一向是模糊、绕弯,徒有礼貌,却既无真情,又无承担。

恋爱就像高手练武,从来都要你来我往,才算好看,可是他却一味躲避,从不正面接拳。

"你们说,他喜欢我吗?"丹丹问,"其实,我也觉得他说话,有些心不在焉,而且有时候,他还会冷淡,还会消失好多天。可是,他有时又会忽然来一条短信,说得人心里暖暖的,让我觉得还有希望……"

我们听她这样说,不免心酸。

丹丹给我们看过聊天记录,那个男生的信息,字里行间,确实有走心的暧昧,在若隐若现。

他会叫她"丫头""笨蛋""Baby""小猪",夜深人静的时候,他会时不时地表达一下"想念"。

他还用了超萌的表情包,每次聊天,都不忘飞吻和比心,送上玫瑰和笑脸。

他总会跟她约定,以后一定要继续联系,信誓旦旦,情意款款。

可是,这有什么用呢?

爱情,是长久的敬爱与相伴,而不是长期的戏耍和怠慢。

如果既不进击,也不放弃,一直是友达以上恋人未满,那又何苦对人家调侃、试探，拖着一个好心的姑娘，让人家芳心大乱，深坐蹙眉尖。

若是喜欢，那这份爱情，就要尽早经营；若是不满，那这份关系，对别人而言，也就成了不良资产，不如彼此知会，尽快清盘。

别说这是一对一的婚恋，就是一对多的招聘甄选，也要负责任地给对方一个明确表态。仁至义尽，才算姿态好看。

## 03

我同学最近应聘了一家知名企业，面试之后，人家告诉她回去等消息。

因为这企业确实不错，同学心里特别喜欢，回去之后就沉不住气，睡觉也心神不定，吃饭也忐忑不安。

第二天早晨，同学就接到这么一条短信：

某某女士您好：本公司招聘人才，承蒙您拨冗前来，进行面谈，谨致谢意。在这次面谈中，经我公司评估，您各方面的条件，都非常优秀，然而，因为目前职位有限，所以无法立即倚重您的出色才华。

本公司已经将您的资料输入人才库，建档保管，日后，如有适合您的工作，我们会立即与您联系。届时，请您再惠予支持。祝您万事如意。某某股份有限公司　人力资源部　敬启

同学看过之后，虽然觉得遗憾，没能进入自己心仪的企业，

然而，因为知道了结果，她很快重整旗鼓，以利再战。她又投了几份简历，最后成功地进入四大会计师事务所中的一间。

她后来跟我们说，当时收到拒绝信，虽说感到自己是被发了好人卡，但是对方既尊重，又婉转，所以也让她暗自称赞。

这世界这么小，企业与人才，说不定就千回百转，再续前缘，为什么不互相坦诚，两下心安。分手留一线，日后好相见。

更可贵的一点，对方企业办事效率很高，第二天就有回复。不像一些企业，面试时，对你百般殷勤，让你自信满满，让你觉得前程可期、结果可盼。但最后，却不给个明确的表示，让你在猜测中愁烦。

## 04

在爱情里，有些人也是如此。他总会给你希望，给你称赞，让你觉得彼此还有明天。然而，他却不会给你明确的表态，一直是暧昧不清，藕断丝连。

真想对那些喜欢玩暧昧的男生说：拜托，我可以接受你不喜欢我，可你倒是给个话啊。

无论是在职场还是情场，一个理性的人，怕的都不是最终的宣判，而是悬而未决的拖延。

我们知道聘婚如聘才，讲究的是彼此对眼，两厢情愿。对方如果没那么喜欢我，也没人一定要软磨硬泡，死缠烂打。

但大家是平等的,如果难以热情,至少别给冷脸。如果难以重视,至少不要轻慢。如果真的不合适,名企尚能放下身段,正面回复;常人难道不能放平心态,坦然直言?

当然,我们懂得,在交往中,也许,有些拒绝的话,确实说不出口。毕竟,大家都要顾及对方的脸面。

但有些事情,不言自明。如果对方不再联系,消失不见,我们肯定能读懂其中的意思,也就不会整天想念、苦恼,情切切、意绵绵。

就像假如招聘企业永不联系,求职者就会明白,自己已经落选,肯定不会死抱着这一棵树,而对茂盛美好的森林,视而不见。

爱情中,可以给不起承诺,但别让人放不下期盼。可以潇洒红尘游戏人间,但别耽误人家美满爱情美好明天。

暧昧无边,回头是岸。有情,就早结良缘,两相珍重。有种,就早做定夺,两不亏欠。在感情里,无论男女,都要有诚意,有承担;既有判断,也有决断。

被撩的"童鞋"啊,请记住,一刀两断,胜过继续纠缠。千万别让我们的友善,成全了对方的手腕。在正式恋爱之前,有深情的对象,那就快谈。有深刻的烦恼,那就快闪。

我们没有结果地等待,人家没有真诚地拖延,这样熬下去,无非是浪费时间。女孩子的青春多宝贵,何必为了这样的人,等到斯人独憔悴,岁月忽已晚。

暧昧,是最温柔的陷阱,最可怕的泥潭,千万不要迟疑不决,泥足深陷。

勇敢地抛开过去,一路向前,总会有人,给你真纯的温暖。

# PART 4

## 让自己成熟，
## 是优雅的温度

愿你努力且成熟，
知道自己想要什么，
该做什么。

你的付出，
时光不会辜负。

SHOW YOUR BEST TO THE WORLD

世界这么多元多样,我只希望,你活成自己想要的模样。你完全可以有自己的选择,不必活在别人的眼里或者嘴上。

## 到底应该拼事业,还是顾家庭

01

我研究生入学面试的时候,曾经遇到一道英语口试题,大意是:

"你觉得对女生来说,事业重要还是家庭重要?"

因为那是考试,所以我采用了比较保险的回答法:

"一方面,有人认为事业重要……因为……另外一方面,有人认为家庭更重要,这是由于……而在我看来,事业和家庭都很重要……"

我这样说,当然是为了让回答有结构和层次,也延长阐述时间,以免出现冷场。

但是后来我也觉得,偏于中立的回答,固然稳妥,但不见得代表一个人的真实思想。虽然温厚适当,终究是少了年轻人那种热情闪耀的锋芒。

我忍不住想,若不是在考试,一个年轻的女生碰到这种问题,她的回答,到底会怎样?毕竟生活中,有些时候,鱼和熊掌不可兼得，女孩会怎么考虑衡量？

于是等到我当了老师，我就用这个问题，去问我的学生。

头两年，学生的回答跟我差不多，希望两全其美内外兼顾，均匀平衡旗鼓相当。

可是这一届新生的回答，就已经很不一样了。

有时，她们在回答之前也会想一下，用"安全模式"应对："两个都挺重要的……"

之后她们略一迟疑，就会抛掉这个模板，然后开始热忱地讲自己的想法。真有点像影视中的演讲者，拿着台词准备照本宣科，但是忽然决定遵从内心呼唤，就撤下讲稿，随心所欲，意气昂扬。

有一个女生回答："我觉得，爱是女人一生最重要的功课，家是世界上最温馨的地方。我爸爸妈妈很和睦，很相爱，让我对婚姻和家庭充满期望。我准备一毕业就结婚，然后再生两个孩子，和老公彼此关怀，互相支持，把对方放在心上。在我心里，这样的生活才完美。人这一生，要是不能赢得一个美满的家，就不算人生赢家。"

另外一个女生则答道："我对于爱和家庭有期待，但没有幻想。我想看世界想闯荡，老了才没有遗憾的地方。对我来说，事业才是第一位的，这世界上，只有自己才最靠得住，只有工作，才能让女人的价值最大化。Housewife 是个很伟大的职位，却不能给你地位。所以，要做人生赢家，你赢的地方就不能在家。"

她们的回答，让我想到两个人。

## 02

小维是大专生，一毕业就遇到命中注定的他，闪电结婚，完成了她年少时的幻想。

老公是银行中层，很宠爱她，性格也温良，给她的吃穿用度，从不吝啬。作为全职主妇，小维文静又勤快，不与婆婆争口舌论短长，一心持家，把房子收拾得干净通透，老公的西服熨得笔挺簇新，皮鞋擦得锃明瓦亮。

公婆也喜欢她的朴实持重，日常生活能帮就帮，为她带那对可爱的龙凤胎，见了人就一心夸赞，我媳妇真好，麻利能干，对人又体谅，就跟亲生女儿一样。

结婚五年了，老公和她，从来没红过脸，仿佛一直都是新婚燕尔柔情蜜意。25岁的小维，也养得白白胖胖，愈加年轻，完全不像生过孩子。在小区里，我们经常看见夫妻俩牵手散步，身边的一对萌娃，粉嫩乖巧，简直就是两个天使，活泼开朗。

去年底她老公喜获升职，当上副行长，家里购置了新车。老公还给她买了一套湖景公寓，房产证上只写了她的名字。他出资给她开淘宝店，随她去听英语培训班，上普拉提瘦身课。无论她上课到多晚，他都开车在楼下等待，遥遥相望。

亲朋好友，街坊邻居，都说他们两人好福相，在一起那个亲切劲儿，就像郭晶晶和霍启刚。

云姐则是我在台湾遇见的。在辞职前，她曾是公司副总，一路拼杀，过五关斩六将。从很年轻的时候起，就敢做敢当，执意自强。

有了优裕的积累之后,她想做只属于自己的事业,就来到滨海城市花莲,开起了民宿。清晨一开窗,就是春暖花开波光潋滟,面对妩媚浩瀚的蔚蓝色太平洋。

她还开了一家精致的咖啡简餐馆,她的闲暇很多,便亲手做着古早味的美食,安享时光。有清润嫩滑的仙草冻,有暖橙色的凤梨酥,酥脆的皮,莹柔的馅,松软喷香。还有花生卷冰淇淋,细腻微韧,甜糯冰凉。

花莲的生活节奏是很慢的,管理店铺、打理投资之余,她有时间去欣赏画展,参加读书俱乐部,去自己中意的演唱会捧场。做七里香味道的走珠香水,晶澈的小瓶里花瓣荡漾,拿到文创集市上,送给随缘的姑娘。

若兴之所至,她拎起包就去旅行,爽快利落干净坦荡,怡情山水飞渡重洋。四十多岁的女子,飘逸窈窕,保养得精致,裙摆纷飞款步沙滩,看起来仍只有三十的模样。

之前有大公司的经历,现在有小企业的积累,又没有家庭需要经营,没有儿女作为拖累,她决定再做一件事,完成童年当老师的梦想:

她申请了名校的博士班,并顺利被录取。待到毕业,她希望游学欧美,去读博士后,然后凭借她的理论经验和实际经历,去大学求得教职。

我算了一下,等到云姐博士后出站,应该已经五十二岁了。

## 03

五十二岁的云姐，和二十五岁的小维，人生轨迹是那么的不一样。

可是我心中始终隐隐觉得，她们是那么相似，但就是没有想到哪儿一样。

一直到我的学生热忱而坚决地说"我要婚姻和家庭！""我要追求事业！"的时候，我才明白过来。

女人到底应该拼事业还是顾家庭？就像从前的一道高考作文题所说的那样：答案是丰富多彩的。

我恍然发觉，如果非要二取一，怎样的答案都没有关系，无论你回答家庭为先，或是事业为上。

我在意的，不是你选哪一边。我希望的是，你在回答的时候，心中有梦，眼中有光，你是真正相信你所说的，并愿意去努力实践你专属的梦想。

一辈子就这么短，你完全可以有自己的选择，不必活在别人的眼里或者嘴上。

就像小维就像云姐，她们那么相似，因为她们都清醒地按照自己的意愿活着，并能勇敢地承受这种生活中的一切不如意。

小维是家庭美满，但面对一屋子人，也要有宽容智慧，熬得过委屈忍让；云姐是洒脱快意，但面对没人的屋子，也要有乐观胆量，担得起孤寂凄凉。

家庭事业，孰轻孰重，这个观点永远有争议，就像辩论赛永远有正方和反方,但是,辩论赛最后决定谁获得胜利,并不是由于哪一种观点的"绝对正确",而是看哪一方能自圆其说,逻辑合理论述得当。

论证中最有力的一种方法,就是举出实例。若真心想成为怎样的人,就去做吧,你会用自己的成功,去圆满自己的论证,而最后,无论你支持的是哪一方,都会得到羡慕的眼光。

嗨,世界这么多元多样,我只希望,你活成自己想要的模样。

## 真爱你的人，一定不会做这件事

01

我的姐们小杨，毕业后一直没恋爱。最近，她觉得一个人实在太孤单，就去上征婚网。

注册两天之后，有个男生给她发站内信。两人你来我往，暗生情愫，就互留了联系方式。

从资料和照片上看，男生是外企管理层，硕士。他多金又帅气，身高178厘米，穿着清爽的蓝格子衬衫，裤线潇洒利落。和小杨相配，正是郎才女貌两相当。

小杨自然是高兴的。但是，她不会一见帅哥，就两眼直冒大红心，晕头转向。情场如战场，在确定对方究竟是敌是友之前，怎么能丢盔弃甲，卸下提防。

男生给她写信，一个劲儿地夸她，说她的照片秀丽脱俗，说她气质好，身材棒，都是一些溢美之词，写得行云流水，典雅流畅。小杨看了，只是笑笑。

男生说，自己对她是一见钟情。而且，从举动看，他真的很迷恋她。

她发消息，他从来都是秒回。他很积极主动，多次出现在她的站内信、微信、MSN和简讯里，用童话和诗一样的语言，说着山盟海誓地久天长。

看着这些信息，小杨也会觉得，心头小鹿砰砰乱撞。但她也并没忘记，S·H·E的那句歌词："情书进化成简讯，网内互传省钱又容易。说一百次我好爱你，用不了一成功力。"

小杨觉得，情话说得太多太满太轻易，不能说明情意，反而让人起疑，觉得他不是原创。毕竟，在这个年代，在网上看到妙语佳句，只要复制粘贴，就可以拿来表白，拿来倾诉衷肠。

男孩给她打电话，一天十几个来电，从早晨打到晚上，深夜也会来找她。他的声音温暖醇厚，很有磁性，带一点幽深的回响。

小杨开着免提，那些扑面而来的音节，就像是柔和的蜜吻，润物无声，拂在她的脸颊上。

她觉得，他很可爱，但可爱得别有用心。所以，只聊了一天，就把他拉黑了。

你想，一个外企的管理层，哪有那么多的时间，用来谈情说爱？一个懂礼仪守规则的人，怎么会在不熟的时候，占据别人太多的精力与时光？一个人，面对自己的真爱时，提心吊胆忐忑难当，说起情话，怎么能随口就来，出口成章。

小杨觉得，他没有那么多的爱，就像一个将领，没有那么多的粮草和兵力，无法打持久战。所以他要的就是闪电战，想速战速决，攻城掠地，然后弃城而去，寻找下一个目标。

几天之后，小杨再登录相亲网站的时候，果然发现，这个男生因为骗色,被人投诉,因此被网站列入了黑名单。

于是,她就把这件事,讲给我们听。她的当机立断,我们很欣赏。

真爱你的人,不会忽然就爱得如火如荼,情深意切。

因为真正的爱情,就像木本植物那样,要慢慢生长,经历阳光微风,骤雨寒霜,到了适当的年份和季节,才会开花绽放。

而速食主义的爱情,就像草本植物,飞速开花飞速衰败;野蛮生长陡然消亡。

有些速食爱好者,追求对象时,喜欢投入大量的时间;而有些人,则是在金钱上,非常慷慨大方。

曾经看过这样一个真实的故事:

有个优秀的单身白领,很渴望爱情。作为外地人的她,独自生活在大都市中,看别人双宿双飞,自己形单影只,总觉得十分迷惘。

后来,她认识了一位投资公司的董事,真正的高富帅。他戴着复古的黑镜框,看起来很斯文。绅士气度,风雅倜傥。

他出手真的很豪迈,为了讨她欢心,各种献殷勤。她想要的名牌手袋,时令鲜花,他随时奉上。她逛商场,买奢侈品,他眼都不眨,刷卡结账。

对方还说，像你这么漂亮的姑娘，整天挤公交车真是太可惜了，不如我给你买辆车吧，美女配香车，天经地义啊。而且你条件这么好，怎么能委屈自己，跟别人合租，挤在二环外的出租房呢？多寒碜呀，回头我给你买套房。

女孩超感动，觉得感情的春天终于降临，交往半个月，就带着满心的粉红大泡泡，住到了男生那里。

从此，男生闭口不提之前的承诺。女生问起来，他只说，公司最近效益不好，资金紧张。亲爱的你放心，君子一言驷马难追，跟你保证过的事，我记在心上怎么能忘。

这女孩一想，也是，爱一个人就要相信他啊，于是收起疑惑，继续安享生活。

直到有一天，她看到他的手机上，蹦出来一条消息："大宝贝，今天你有空吗，咱们去看车吧。你都答应我好久了，还没给我买呢。"后面配了一个撒娇的表情，消息署名是"小宝贝"。

这时候，她才如梦初醒。从前，她以为自己钓到了金龟婿，没曾想，她得到的，只是虚构的童话，是海市蜃楼，一梦黄粱。

能衡量一个人感情真假的，不是投入的时间，也不是投入的金钱，而是历经岁月淘洗之后，那年深日久的耐心，和不离不弃的陪伴。

真爱你的人，一定不会在刚认识你，还没有多少感情基础的时候，就大张旗鼓地投入。

感情是一辈子的投资，有哪个理智的投资人，会不经过可行性分析，不经过足够的调研，就孤注一掷，投资立项？

有哪个聪明的有钱人，会不担心别人看上自己的钱。但是，为什么他给你的不是观察考验,而是娇生惯养?

就算他给的是真情实感,可是,人总是会累的。在漫长的生活里,有谁能天天为了伴侣,大把砸钱,始终保持感情的高调昂扬,血脉贲张?终有一天,他会变懒。到了那时,他不愿一掷千金,你觉得一落千丈。

等到那一天,习惯了纸醉金迷的你,难道能适应生活的朴素和庸常?

在爱情里,那些大张旗鼓,轰轰烈烈的东西,让人心潮澎湃,却很难长久。细水长流,才能地久天长。

也许你现在单身,也许你现在被逼婚,急于跳脱目前的处境,既焦虑又迷茫。但是,对待感情,谨慎小心,才能善始善终。哪怕对方的条件,让你目眩神迷,也不要为爱痴狂,匆匆投降。

虽然,一个人,有时真的很寂寞啊。

## 03

上大学时,我曾在课桌上看到一首打油诗:
> 他系美女一行行,为何我系无娇娘。
> 脱单真是太困难,苦了光棍一大帮。
> 圣诞夜里佳人笑,情人节时影成双。
> 唯有我等无去处,孤灯影里对寒墙。

其实,无论是男生女生,都会有这样的想法吧。看到别人打情骂俏成双入对，就顾影自怜黯然神伤。有时，真觉得自己像那个卖火柴的小女孩，在别人庆祝节日纵情欢笑的时候，一个人，孤单寂寞冷，在夜阑人静的时刻，蜷在墙角。雪落无声，满心苍凉。

多希望这时候，能有人带来温暖，所以，只要出现一个表示好感的人，就把千钧的希望，寄托在他身上，却忘了仔细甄别，慢慢考量。

等到一切都幻灭，才终究发现，你所看到的，只是自己勾勒出的童话，你身边没有衣香鬓影，美酒佳肴，所有的东西，都是你的脑补，就像卖火柴的小姑娘，在火柴的微光中看到的美好图像。

那一切，都是镜花水月梦幻泡影，不能拯救你，只能让你忘了自己的真实处境，徒然冻伤。

我知道，单身是一件很苦的事，但是，单身苦，至少还能苦中作乐。如果急着恋爱，选错了人，那就成了自食苦果，痛楚难当。

我们总是希望，能有一位王子，骑着白马，从天而降，来拯救我们的单身时光。

但是，生活不是童话。世界上，总有很多青蛙假冒王子；而真正的王子，又不会娶灰姑娘。

在现实生活中，和查尔斯王子结婚的戴安娜，本来就是贵族出身。卡米拉的家族地位也不差，据说，她的第一任丈夫，论官阶，甚至比英国公主的丈夫还要强。

现在的凯特王妃，虽然是平民，却是才女，温和智慧，品位非凡。而且她有个百万富翁的爹，上的是最昂贵的私立学校，才能成为王子的同窗。

爱情对于她们来说，不是雪中送炭，而是锦上添花；不是让她们的生活翻天覆地耳目一新，只是让她们从耀眼变成辉煌。

爱情从来都不是天降好运的浪漫，空中楼阁的幻想，而是脚踏实地，旗鼓相当。

在没有伴儿的时候，与其黯然守望，徒然希望，不如埋头苦干，让自己光芒万丈。

先谋生，再谋爱，先展翅高飞，再结伴翱翔。当你升到更高的境界，打开更宽的格局，别人看你的眼光，对待你的方式，才会不一样。

而那时，你也更有识人之慧，选人之方。

## 请不要把时间浪费在别人的生活里

01

去年春节，静萱第一次去未来的婆婆家吃饭。

她满心的忐忑不安，因为她很看重这份感情，生怕那家人不喜欢她，对婚事横加阻拦。

于是，她给男友的全家老小，带了一大堆礼物，还细心地给他每个亲戚的小孩，都准备了压岁钱和玩具。

一进门，稍作寒暄，她就抢着进厨房，做菜烧饭；吃完饭，又抢着刷锅洗碗。

之后，她手脚麻利，收拾房间，洗了一大盆衣服，倒了垃圾，整理了小院，还给家里的宠物狗洗了澡，晒了窝，剪了毛，带它遛了弯。

于是，未来的婆婆和一众亲戚，眉飞色舞连声称道，大赞她生活技能满点。

今年她结婚了，再回婆家，却闹了一肚子气。

一大家子十几个人，没人买菜做饭，没人扫地洗衣。所有的杂事，全指望着她干。老公的弟弟妹妹、远房亲戚，还有他们的孩子，都在一边闲散地坐着，满脸的事不关己，一边抖腿一边玩手机。

有事情找她的时候，他们就一副理所当然的样子，对她呼来喝去。

静萱心想，Excuse me？照顾老人这是我应该的，可是这一屋子人，一个个好胳膊好腿的，却都在使唤我。我是保姆还是奴隶？

所以，她自然不会一直低眉顺眼，好声好气。

可是这样一来，那些人却炸了毛，私下里抱怨静萱，说她偷懒摆谱，既没礼貌又没规矩。还说她越来越抠门了，以前每个亲戚都给红包都送大礼，今年回来只送给公婆，简直就是狗眼看人低。

静萱无意间听到这样的议论，差点气坏了。

她第一次上门的时候，劳心费力，做了家务，送了大礼，只是希望讨他们欢喜。

她付出的时候，真心实意，不遗余力，可是，他们似乎觉得，你就是应该劳碌，他们就是可以坐享其成。你就是应该给我送贵重礼物，哪怕我是一个八竿子打不着的远房亲戚。

她那是发自心底的客气，却被人家看作理所当然的福气。

因为，她第一次做家务，就做得超级出色，第一次送礼，就仔细考虑到所有人，送的东西还特别丰厚，别人自然就有了更高的期许。

俗话说得好，升米恩，斗米仇。

每个人都会有依赖心理，如果你付出得过多，别人就不再懂得感激，而把你的付出，看作你的职责；把你的好意，当成他的权利。

到了下一次，也许，就想让你做更多的事，送更多的东西。如果你没有做到，反而成了失职。

有时，在家庭关系中，人性本如此，得寸进尺变本加厉。

然而，静萱最后还是忍下了这口气。

她对我说："我那么努力，只是为了让他们全家都喜欢我。我是真心想跟所有人搞好关系，他们的看法，我真的很在意。"

可是，真的有人，能让所有人都喜欢吗？成为那样的人，在生活中左右逢源，是不是就会很如意？

## 02

女作家罗兰曾经写道：世界上有一种人，巧言应酬八面玲珑，似乎能讨所有人喜欢。

这种人总是遇事周全，什么事都能考虑到。他能记住街坊邻居、亲戚朋友、公司同事的生日和纪念日，甚至他们的孩子上大学，过生日，获得奖励，这样的事情，他也全都能牢牢记在心里。

每到这样的时候，他总是抢先去送礼道贺，表达祝愿。

而且，在日常生活中，这种人总是聪明圆滑随机应变，看人下菜碟，说话办事滴水不漏，谁都不得罪。

大家往往认为，这样的人，人缘应该是最好的吧。

可是，罗兰却发现，恰好相反。他们在生活中，经常会遭遇到指责和不满。

因为，人们往往很残忍，对那些越是面面俱到的人，如果偶尔发现他有一次疏漏，反而越不会原谅。因为人们会想，以他那样面面俱到，那样细心，而居然有这种疏忽，那就是故意的，因此，就不可原谅。

而且，即使他能把所有事情做得圆满，不得罪人，他也会活得很苦很累。

每个人的时间总是有限，一天24小时，一周7天。如果一个人的生活，被这些繁文缛节占去了大半；如果一个人的时间，被各种应酬挤满，那么，哪里还有力气，还有闲暇，去做那些真正重要的事，去提升层次丰富内涵？

更糟糕的是，这样的人往往也太聪明，心细如发，对外界的看法十分敏感。

他们那么希望跟别人搞好关系，那么希望与人为善，所以，一旦有人不理解他们，说他们不好，他们就异常难过。

他们觉得，我投入了那么多的时间、精力和金钱，费尽心思讨你喜欢，而你居然不懂，不感恩，不赏脸。真让人气愤又难堪，心里闷着一口气。

过多地讨好了别人，其实是委屈了自己。

一方面，我们都没有三头六臂，要照顾到那么多人，很容易力倦神疲。另一方面，每个人的想法、偏好、需求都不同，你很难获知每个人真正想要的东西。所以，就算你已经尽力，别人往往还是不领情。

而且,有时,因为你付出太多,做得太好,你会成为完美的模范和标杆。在这样的情况下,你的存在,对你周围的人而言,就成了很大的压力。

## 03

美剧《绝望主妇》中的 Bree,就是一个这样的例子。

她希望她的世界完美和谐,所有人都开心幸福。为此,付出多少也心甘情愿。

她精通家政,经常拼命收拾庭院,打扫房间,一定要确保院子干净整齐,家居一尘不染。

她很热心周到,给邻居烤各种美味甜点。送到别人家的时候,装点心的篮子里,还要放上鲜花,垫上粉红或天蓝的方格子棉布,篮子柄上系着同色的丝带。

为家人做一顿晚饭,她都能花好几个小时,做成法国大餐:恰到好处的烤牛肉,美味浓汤……

在家人回来之前,她会铺好精致雪白的桌布,在银质烛台上点好蜡烛,在餐厅里放上优雅的古典音乐。

看起来,她完全就是一个外国版的田螺姑娘,各种贤良淑德。可是,在她的家庭里,她不是人见人爱,而是人见人烦。

孩子觉得,她花那么多力气持家做饭,完全没必要。老公也嫌弃她，觉得她把一切都弄得太规矩太漂亮了，而太漂亮了就显得很死板，一点没有生活气息。自己回自己家，都觉得束手束脚，毫不亲切。

邻居也不是很喜欢她，认为她客气得过分，显得很假。

她辛辛苦苦，付出那么多，在大家眼里，却变成吃力不讨好，自找麻烦。

于是 Bree 就大为光火，觉得他们没有良心。可是她却忘了，正是自己那煞费苦心的完美，那不遗余力的取悦，才让自己陷入这种尴尬的局面。

英国文学家哈代曾经说："十全十美是天上的标准，有一点儿缺陷，才是人间的标准啊。"

你那么完美，那种不食人间烟火的完美和奉献，让你周围的人都有很大的压力，觉得你是圣母你是神仙，衬得我们这些凡人，黯然失色，满身缺点。

而且你付出得太多，让所有人都无以为报，大家都会很难堪，浑身不自在，总觉得对你有所亏欠。

其结果是，她家里的人，对她充满了逆反心理。她的老公出轨，女儿误交损友，儿子吸毒撒谎泡夜店，最后愤然出走。她跟邻居之间，也是麻烦不断。

Bree 任劳任怨，几乎付出一切，不但没讨得大家喜欢，反而让生命中充满了遗憾，自己也没能好好享受生活。

这样的人，过的是蜜蜂的生活，为别人效劳，勤勤恳恳兜兜转转，宁可把自己的需求往后排。

蜂采百花成蜜后，为谁辛苦为谁甜？忙碌一场却无所得，不由让人感叹。

## 04

哈佛大学教授麦克利兰,曾经提出"亲和需求"的概念。

所谓亲和需求,就是希望别人接纳自己,喜欢自己。这种需求,让我们对人和蔼,与人为善,是保证社交和谐的一个很重要的条件。

然而,亲和需求非常高的人,往往会走向另一个极端。他们太善于为别人着想和付出,同时对人际关系异常敏感,害怕得不到认可,害怕失去亲密关系,害怕惹别人不高兴,对自己讨厌和疏远。

所以,麦克利兰也说过,如果亲和需求太高,就会想着到处讨好,就没有了原则,降低了办事的效率,想要做出成绩,也就不大容易。

就像一位卡耐基训练的讲师所说的那样:"我不知道成功的秘诀是什么,但我却知道,有一条路照着走必定失败,那就是,想要讨好每一个人。"

你想要做到最好,照顾到一切,可是,谁又有那种能力?一个人的时间,是不可再生的资源,精力也是有限的财富。若把大量的时间精力,都挥霍在取悦别人上,自己的生活,又如何游刃有余。

这样做事，迟早会力不从心，无暇顾及，结果是，没让别人满意，却丢掉了自己。

过多的善言善语，善举善行，容易被人解读为低声下气，卑躬屈膝。你想要万事周全左右逢源，对每个人待之以礼，也许别人却越来越挑剔。你不计成本地付出，反而可能让人觉得是做作和刻意。

所以，你又何必要这样，总要考虑所有人的想法，活得如履薄冰？不如走自己的路，不逢迎不讨好，让别人尽管说去。

就像《放弃无效社交》中所说的那样，人要量力而行，承认自己没法照顾到那么多人，敢于不去证明自己是"好人"。

要知道，有时，哪怕你再努力，再好心，也决定不了别人对你的想法，就像你无法控制天气。

生命那么短，光阴似箭白驹过隙。应该把你的岁月，投资在最有意义的事情上，勇往直前坚定不移，而不是为了你决定不了的事，思前想后劳心费力。

请不要把时间浪费在别人的生活里。与其全力讨好所有人，不如努力取悦自己。

## 你为什么不发朋友圈了

### 01

在我的朋友圈里，阿彩是最活跃的一个妞，各种心情、定位、自拍，发得特别频繁。

但是这两天，她忽然不发了。我问她，她说，是因为跟男朋友分手了。

相爱的时候，你会欢欣雀跃地发朋友圈，因为你知道，你受人瞩目，受人关切，在朋友圈里，总有他温暖的视线，聚焦在你发的内容上。

可是分手之后，你却忽然失去了观众，有一种不知所措的茫然。

当初，只是为他，你才会精心自拍，仔细修图；只有为他，你才会时刻想要吐露心声，骄傲地捧出大把大把的爱，晾晒在阳光下面，让全世界都看见。

为了他，你才愿意在朋友圈频繁出镜，盛装出演。而没有了他，发朋友圈就变成了自说自话的游戏，百无聊赖。发得再精彩，终究觉得，缺了人观看，是件很失落的事。

是的，分手后，前任对你的朋友圈，不会再像从前那样关注。但是，人都是有好奇心的，也许，他还会回来看一眼。

所以，阿彩说："分手后，我发朋友圈，也要考虑他的感受啊。"

她觉得，如果她发的状态是悲伤的，他无法安慰，就会有爱莫能助的伤感。

如果她发的状态是快乐的，他会觉得，她居然这么快就忘了自己，这么快就开始新生活，简直是薄情寡义，态度漠然。

发歌曲也不行。失恋的人总会觉得，每首歌都是在描述自己的心情。她怕他听了，觉得无能为力，悲伤泛滥；或者觉得她别有用心，旧情难断。

发照片也不行。不管是自拍还是风景，失恋的人，都会从中解读出太多的含义：

一片花园，是花前月下的回忆；一个低头的侧颜，是难以为继的孤单；一只宠物猫咪，是有人疼、有人宠、有人陪着玩的心愿……

所以，阿彩不再发朋友圈了。

有些人不发圈，是因为心思细腻，为别人想得太多。

而有些人则相反。

小榕停发朋友圈，是因为别人对她想得太多。

## 02

小榕是我的一个读者,今年刚毕业,进会计师事务所做实习生。事务所的工作,忙碌繁重,所以到了晚上,她经常要加班。她觉得挺好,趁着年轻,多学一点是一点。

加班前,小姑娘喜欢拍个照。照片上,有办公桌的一角:摊开的业务书、一杯巧克力咖啡、绿盈盈的多肉小盆栽。台灯的光,柔和弥漫,带着橘黄的调子,把这一切映得很温暖。

然后配上几句给自己加油的话,一起发到朋友圈。

这本来挺正常,可没想到有一天,她在洗手间,听见同事议论她,说她年纪不大,心思倒不少。整天发加班的照片,不就是说自己很努力很辛苦嘛,一边邀功一边卖惨,在领导面前刷存在感。

小榕听了之后很生气,从此就不照办公桌了,只是在加完班,深夜回家的时候,拍一下自己影子的照片。灰黑而修长的影子,铺在花木扶疏的地面。她稍微修一下图,加了滤镜,效果很好看。

结果同事又开始嘀咕:"你说她发自己一个人的影子,显得挺孤单的,是故意扮楚楚可怜吧。""对啊,这是不是想撩某某帅哥啊,我知道某某就喜欢这个调调的,忧伤,小清新文艺范。"

小榕听了,哭笑不得。她没想到,人心这么复杂;更没想到,别人会把自己想得这么复杂。

在这之前,她就是把朋友圈当成一片自留地,可以自由发挥。她每天发个图,也只是为这些繁忙的日子,打卡留念。

可是,那些莫名其妙的猜测,那些无中生有的判断,让她觉得沮丧,觉得人心叵测,自己没有安全感。

于是她一气之下,就不再发朋友圈了。

既然微信的这个功能是叫"朋友圈",那她希望,在这里得到的是友善。

但是她却发现,在成人的世界里,很多人看起来是你的朋友,实际上,却只是面和心不合的伙伴。

所以,她的心情,就像歌里唱的那样:"越长大越孤单,越长大越不安。"

## 03

也有很多人不发朋友圈,是因为心里的不安,不知道跟谁倾诉;心里的脆弱,不知道跟谁展现。

毕竟,相识满天下,知己能几人?虽说手机里的好友越来越多,但是,想要找人一吐为快,却越来越难。

夜深人静的时候,翻开通讯录,看来看去,竟然找不到什么可以说话的人,忽然有种遗世独立的沧桑感。

于是他们觉得,在这个寂寞的钢筋水泥丛林里,别人对我没那么重要,我对别人也没那么关键。

人长大之后,似乎友情和缘分,都会在岁月中变得稀薄,既然这样,那发朋友圈又有多大意义呢。

人在看朋友圈的时候,是会选择性地忽略很多东西的。我即使发了朋友圈,也未必会有多少人仔细看。

大家都这么忙,谁有这份闲情逸致,去看我的旅游和手作,看我的吐槽和抱怨。

别人也许会忽视这些内容,就像忽略路边一朵无关紧要的小花,即使它再漂亮,人家也不会留心,不会关切,因为这和他们的生活,毫不相干。

是的,有这种可能,也许,我们会被视而不见。因为,在现代都市,孤独和疏离,本来就是很多人的共同点。

但是,如果寂寞是不可逃避的,那为什么不享受呢。生活给你一个酸柠檬,你却可以享用柠檬汁的甘甜。

独处也是一种自在,一种别具一格的消遣。

在嘈杂的世界里,各种交际和应酬,已经消耗了你太多的能量,你需要一方属于自己的天地,拥抱悠闲,品尝清闲;慢慢放松,好好沉淀。而发朋友圈,会占用你很多的私人时间。

所以,也有一种人,是因为想要享受独处的状态,而不再发朋友圈。

04

享受独处的人,自有一种淡定。他们觉得,比起在朋友圈跟人互动,他们更爱和自己交谈。他们不喜欢频繁刷朋友圈,那会让他们平静的生活,无故起波澜。

"发了朋友圈你会焦虑的，"一个学妹跟我说，"你总会惦记着刚发了一条状态，这条状态会产生什么效果，一直想一直想，然后就把自己搞得很累。"

以前，她一旦把状态发出去，就老觉得心里有件事没放下，没办完。她总会猜测，谁会看我的朋友圈？他们对我的自拍、我的文字，究竟是褒是贬。

她一面渴望关注和赞美，一面担心有人发评论，当众怼人和责难。

她还会想着，她写的某些话，她最重视的那个男孩，会不会没看到。即使看见了，他会不会误解？她不希望，自己的一片真心，弄成适得其反。

而且，在朋友圈，林子大了什么鸟都有。即使她仔细设置"分组可见"和"仅展示三天"，开启了"不让TA看我的朋友圈"，也会担心智者千虑，必有一失，有些话，会让无关或八卦的人看见。

所以，她会不断打开朋友圈，一会儿刷一下，一会儿刷一下，不停地查看留言、点赞和设置，似乎怕错过了什么，忘记了什么。长此以往，都快成强迫症了。

这样做的结果，就是把大块大块的时间，切割成零散的、无法利用的碎片，弄得自己注意力很分散，什么事都没干成。

到了睡前，发现自己一整天无所事事，又开始有负罪感。因为，那些耗费在朋友圈的时间，本来都可以用来学外语、健身、烘焙，给自己增值和充电。

所以，学妹现在不发朋友圈了。有小块的时间，她就用来放空，做瑜伽，或者听有声书；有大段的时间，她就用来看书、作画、编手账写日记，跟内心深处的自己交谈。每天，她都过得很充实。

人一旦学会做自己真正喜欢的事，聆听自己内心的声音，便不会寂寞。因为，你已经学会与自己为伴。

而且，独处有很多好处。

人活在世上，擅长跟朋友交流，非常重要；善于跟自己独处，更是关键。

独处，让你有了思考的时间。想明白自己是谁，自己要什么，生活起来就会专注而笃定，不再茫无头绪，惶惶不安。

独处，让你有了自由的空间。你的思维，能够无穷无尽地延展，无遮无拦地发散，学习起来就会更有创意和活力，不再故步自封，墨守成规。

独处，让你远离外界的喧嚣，沉静下来，变得更加清醒，不会在自己的情绪和别人的看法中迷失，从而在光怪陆离的世界中，保持一份超然，站得更高，看得更远。

领略到独处的美感，就不必分分秒秒跟别人保持联系，不间断地互动、聊天、发朋友圈。

就像梭罗说的那样："在频繁的相处中，我们无暇从彼此那里获取新的价值。我们相遇、邂逅，彼此干扰和纠缠，我认为这样或多或少失去了对彼此的尊重。所有重要的倾心交流，都不必过于频繁。人的价值不在于亲密，而在于心有灵犀。"

所以有时，不妨把发朋友圈的时间留给自己，对外界保留一点距离，一份神秘和新鲜。

懂你的人，自会懂你；不懂的人，即使看了朋友圈，也是相见无言，对面无缘。

## 选丈夫的时候，挑的是男人的什么

### 01

闺蜜聚会时，大家谈到一个问题："男生没钱，能不能嫁？"

有人说："只要是真爱，当然要嫁，俗话说得好，有情饮水饱。"

有人反驳："哪怕再爱，也不能嫁，没听说过吗，贫贱夫妻百事哀。"

其实，嫁一个男生，并不是嫁他的物质基础，而是嫁他的精神格局。

现在他是穷是富，并不重要，关键在于，他是一心进取，还是一味消极。

慧敏是我的大学校友，家境小康。她的男友家里则很穷，但是，他非常努力。他看起来清秀柔弱，性格却很坚毅。

在大学期间，为了挣学费和生活费，他每天晚上都去做家教，或是去培训机构兼职。风里雨里，从不间断。

暑假的时候，他也不回家，而是留在培训学校打工。他顶着骄阳，迎着热浪，满街发传单，跑业务，身上泛白的旧T恤，被汗浸得透湿。

每年盛夏，他都累得黑瘦黑瘦，胳膊晒得起泡、爆皮，有两次还因为中暑而晕倒。

看到男友这么拼，慧敏十分心疼，常常对他说："别这么辛苦了，钱我借给你。"

男友感谢她的好意，但是婉转而坚定地拒绝了。他觉得，男子汉就该自强自立，缺钱就要自己挣。

就像古人说的那样"虎瘦雄心在，人贫志犹存"。穷有什么关系，只要我不堕青云之志，锐意进取。

毕业之后，男友申请了市团委的青年创业贷款，加上自己的积蓄，开了一个家教辅导中心。

在创业初期，为了节约成本，他既当老板，又当老师，还当客服，经常说得声音嘶哑，累得筋疲力竭。

但是，苦日子总会熬到头。因为他做人实诚，讲课耐心，能帮学生查缺补漏，迅速提分，逐渐就积累了极好的口碑。后来，辅导中心的品牌就做响了，规模也慢慢扩大。

他争取到了天使投资，雇用了一批业务骨干，开办了几家分校，又建立了线上教学平台，最后，经营得风生水起。

生活，终究不会辜负拼尽全力的人。现在，慧敏和男友早已结婚，该有的都有了，什么也不缺。

像她男友这样的人，就是一个很好的对象，他懂得，穷是努力的理由，不是伸手的借口。

他有着正向的思维模式，积极的处世态度，相信立志的重要，相信奋斗的意义。

像这样的人，其实不能叫做穷，只能叫做"暂时没有钱"。

因为，他在物质上并不丰饶，在精神上却很富有。他生于贫穷，却不甘于贫穷，做人不依赖，做事不犹豫，既有格局，又有能力，是真正的潜力股。

虽然他目前窘迫，但假以时日，他就会像李白诗中那样"大鹏一日同风起，扶摇直上九万里"。

但是，并不是说，所有缺钱的人都是这样。

在贫寒中，有些人，有着绝地逆袭的志气；而有些人，却有着入骨入髓的消极。

## 02

子珊是我以前的同事，她有一个帅气的老公。他来自海滨一个小渔村，出身很普通。

结婚时，他就跟子珊反复暗示：我家穷，我父母虽然想为咱俩出力，但心有余而力不足啊。你家既然挺有钱，那就帮咱俩买房买车呗。

子珊把他的意思告诉父母。父母听了，觉得这个女婿有点贪，但是转念一想，买房买车，也是提高自家女儿的生活水准嘛，谁不希望自己女儿过得好呢？

于是，老两口掏钱给他们在城中区买了一套复式公寓，又给他们配了一辆SUV。老人家生怕女儿吃苦，还给了她六十万的陪嫁。

婚后不久，老公说他要办个小公司，需要启动资金，张口就要钱。

子珊性情柔顺，她觉得，既然结婚了，我的钱就是你的钱，便给了他十万。

但是，老公不愿费心经营，只想投机和偷懒，所以很快赔了个干净。

不久，婆婆也找到子珊，说老家的房子旧了，漏雨漏风，要维修改建，家里没钱，请城里的媳妇支援。

子珊特别心软，她觉得，一家人不说两家话嘛，就给了婆婆二十万。

在这以后，老公家里的人找她要钱，就形成了习惯。老公的姐姐要结婚，弟弟的孩子要交择校费，都是以"穷"为理由，找她要。

到了后来，甚至老公的七大姑想旅游、八大姨想整形，也全部都来找她，涎着脸，一面哭穷一面索取。

她彻底变成了一个公用提款机，那六十万的嫁妆，不到两年时间，就全部给了出去。

要钱时，老公和家人对她笑脸相迎，信誓旦旦说着："这钱只是借你的，以后我们一定还给你。"

但是，在子珊被吃净榨干之后，这家人一反之前的和颜悦色，有事时，对她颐指气使；没事时，对她爱答不理。

他们一脸的心安理得，从来就没有人还她钱，也没有人想要还。

美国著名的媒体人霍勒斯·格里利曾说:"人一生中最黑暗的时刻,就是当他计划着怎样捞到钱,而不是赚到钱的时刻。"

像子珊老公一家这样的穷,才算是真正的穷。他们只想倚仗自己的穷,千方百计伸手拿钱,却不愿摆脱自己的穷,想方设法改善境遇。

在他们的眼里,你富你活该,我穷我有理。他们不懂得感恩,也不懂得回馈,他们逐利而往,利尽则散,留下好心的子珊,无处诉冤屈。

他们的穷,就是所谓精神上的穷。他们没有进取心,没有行动力,只想依赖,只会索取。

这样的穷,才是真正的一贫如洗。

对于物质上穷的人来说,贫困是一所励志的学校,让他在里面修行和练习,有朝一日,他终将毕业离开学校,开辟自己的新天地。

而对于精神上穷的人来说,贫困就是一个黑暗的山洞,让他在里面躲藏和逃避,永远依赖于别人的补给。

找对象时,物质上的穷可以忽略;精神上的穷,一定要规避。

03

所谓穷,只是一种可以改变的生活状态。

穷不可悲,可悲的是,习惯于穷,不懂得穷则思变;穷也不可怕,可怕的是,沉湎于穷,总是人穷志短。

真正的穷,不是布衣蔬食,青灯寒窗;而是不求进步,不思进取。

就像俞敏洪所说的那样:"我认为,穷不仅仅指一个人没钱、没吃、没穿,而是指一个人思想不丰富,只愿意待在同一种环境中,或者同一种状态下,不加努力。"

而如果你能够积极改变,锐意奋进,那么,现在暂时穷一点,根本没有关系。

就像美国副总统威尔逊,在他驰名政坛之前,只是个贫困羸弱的孩子。他肚子饿的时候,找母亲要一片面包吃,母亲都给不起。

但是他拼命努力,十岁时就开始打工。他一边艰苦劳作,一边认真念书,把闲暇时间全花在图书馆和辩论社,用尽全力提升自己,终于迎来出头之日。

就像法国皇帝拿破仑,在他一路开挂,戴上王冠横扫欧洲之前,也只是军事学校里的一个矮穷矬,被他的富二代同学看不起。

但是,面对贫寒,他既不放弃,又不抱怨,而是苦读高等数学和军事理论,最后一战成名,天下皆知,一步步登上王座前的阶梯。

他们出身贫瘠,但从不怨天尤人,从不灰心丧气,而是不懈努力,不断争取。在该奋斗的年纪,他们从来不会选择安逸。

他们不会用穷来麻痹自己,好吃懒做得过且过;而会用穷来鞭策自己,勇往直前不遗余力。

波斯的古谚语说:"勤奋远比黄金可贵。"

明朝的冯梦龙也说:"富贵本无根,尽从勤里得。"

看男人，不是看他口袋里面有多少钱，而是看他的心里面，有没有勤奋和积极。

一个人不能选择自己的出身，但可以选择自己的格局；一个人不能选择父母的财力，但可以选择自己的努力。

格局决定结局，努力决定实力。

所以，谁说穷人不能嫁？

关键是，你对他，有没有真挚的感情；他自己，有没有真正的、精神上的富裕。

## 生活中，你是"聪明的懒人"吗

### 01

有位教经济学的老师，跟我说过这么一件事：

某一天上课，他问学生："哪位同学，能给我们讲一下美国的次贷危机？"

课堂上一片沉寂，大家赶紧把头低下去，做出专心思考的样子。老师想，坏了，这回冷场了。正在此时，有位学生举起手来。他大喜："请说。"

学生站起来，很认真地说道："老师，我只是想说，您没跟我们讲过这个问题。"

老师哭笑不得地站在那里。

亲啊，难道我不讲，你就不学吗？

这个世界，其实就像提供自助餐的大厅，形形色色的知识散落其间，就像五光十色的料理。你若想心灵饱足，很多食粮，都需要你自己动手，去收集、撷取。

我们不是生活在《唐顿庄园》中的贵族家里，你要的一切餐点，都由别人整理好，装入银盘端给你。

在学校中，教育，不只是学别人教给你的东西。

而在职场里，成长，也不只是学别人教给你的规矩。

## 02

曾经听过一则别人的职场经历。

有一位女老总苏苏，亲自招聘了一个助理。姑娘聪明可爱，深得老总喜欢。

可是半年后，姑娘却提出辞职。

她说，自己上学时很优秀，一心以为，大才必得大用。没想到工作之后，却被派去做些鸡毛蒜皮的小事，既没学到东西，做下去也没任何意义。

于是苏苏问她："那请你告诉我，你觉得你做的杂事中，最没有意义，纯粹是消耗你时间精力的，是什么呢？"

姑娘立刻答道："帮您贴好发票，拿到财务去报销，然后把现金拿回来给您。"

苏苏笑了："你帮我做了半年的报销手续，有学到什么东西吗？"

姑娘完全懵住："这个，贴发票不就是贴发票嘛，能学到啥呢？"

于是，老总说了自己当年的故事：

当她没有坐上这个位置的时候，也曾经是总经理助理，负责的一项职务，就是帮总经理报销票据。

本来，这是一项重复且无趣的工作，但她是做财务出身，明白票据其实就是事务的凭证，是数据的载体。

总经理的票据，就是总经理各种事务、活动的记录，涉及公司内部各方面的经营运作，也涉及组织外部各层面的人脉关系。

所以她自己用表格的方式，把票据信息做了归纳整理，记载下每次报销的数据：时间、金额、消费场所、经手人和联络电话。

这样，一方面，她知道了自己报销的数额，在财务上就不会出错。而另一方面，如果上司要问哪一笔业务的情况，她手里就有详细资料和准确数据。

一段时间之后，通过这些数据的统计，渐渐地，她摸索出了上级从事商务活动的规律：

比如，她知道哪种类型的商务聚会，适合在什么样的地点举行，平均费用是多少。

比如，企业做公关，该办什么样的活动，常规层面如何处理。比如，公司内部有哪些出色的人才，外部有哪些熟络的人脉，在什么方面可以为我们效力。

以后，上司让她做商务活动预算的时候，她就能很快报出消费区间；让她去组织活动，她直接就知道该找谁，怎么联系。事情很快就能办好，不用上司劳心费神，多加言语。

老板觉得这姑娘是个有心人，于是，给了她更多重要的工作，上下级之间，也有了更多的信任和默契。这样聪明的下属，努力又积极，谁不愿意多提携呢？最后苏苏一路升迁，老板赞叹说，你是我用过的最好的助理。

生活中,如果你不会总结,不会留意,就会错过有用的信息,错失进步的时机。

而只要你有心,勤奋积极,持久努力,那么,你从周而复始的琐碎工作中,也能学到东西。

### 03

法布尔说:"学习这件事,不在于有没有人教你,最重要的在于,你自己有没有觉悟和恒心。"

学习总是这样,知识的获得、技能的撷取,不是被动的等待,而是主动的获取,年深岁久,日累月积。

生活它不是你亲妈,不会把提纯过的知识,像甄选过的精炼牛乳那样,一勺勺喂到你嘴里。

凡事总比别人多做一点,多想一步,事业才能更如意,生活才能更顺利。

更何况,有些事情,几乎是本分,是我们该处理好的问题。

那位经济学老师的学生,既然学这个专业,本来就该对各国重大的经济事件,有所涉猎。

最后做了老总的苏苏,是财务出身,老总把她调到办公室做助理,除了看重她聪明之外,本身很可能也因为,当过会计的人,在数据处理、统计分析上,技高一筹,老板需要这种能力。

如果既通晓专业知识，又懂得应变随机，想得到重视和重用，当然更容易。

从前，有这样一个很流行的故事，我们可以从新的角度解析：

在一家公司里，老板提升了张三，一同入职的李四就抱怨说，大家起点一样，为什么不选自己？真是厚此薄彼。

老板没说什么，只是叫李四去街上看，今天有没有人卖土豆？

过了一会儿，李四跑回来说，只有一个人在卖。但是李四既不知道土豆的数量，也不知道价格，当老板问这些问题的时候，他反而很委屈地说："您没有叫我去打听啊。"

于是老板叫来张三："你上一趟街，看有没有人卖土豆。"

张三回来的时候，直接告诉老板：市场上只有一个卖家，土豆的数量是40袋，价格是两毛五分钱一斤，土豆质量不错，根据以往销量，40袋我们可以全买下，在一星期左右就可以出手。

他带回来一个土豆作为样品，并且把卖土豆的商人也带回来了。

其实这不只是鸡汤，让我们知道做事要有超前意识，要周到细密。这也是一个很专业的故事，张三同学，绝对是个好的商务谈判人员。

他不但熟悉对方的价格、数量等基本信息，也熟悉己方往期的销售数据，而且给了老板很多前瞻性的暗示与建议：

土豆质量不错，就意味着，对方有机会成为长期供货方，老板可以考虑；大批量购买40袋，就意味着，可以得到优惠折扣。

这相当于既带来可靠的合作者，又降低购买成本，也就是增加利益。对老板来说，这真是极好的主意啊。

更聪明的一点是，张三把卖土豆的人带回了公司。

市场上只有一个卖家的时候，因为没得选，买家并没有太多的讨价还价能力。可是，卖家已经来了公司，既然每个人都重视自己的时间和精力成本，若白跑一趟而不成交，就会觉得很可惜，所以，卖家基本会愿意做出合理范围内的让步。

最聪明的一点是，张三没有抖机灵自作主张，把土豆给买了，虽然被重用的人可能有这个权限。他只是把参考数据、供货样品、潜在人脉一同带回了公司。

他知道拍板的是老板，并非常尊重上级的意见，所以，他只是提供这个选项，等老板定夺处理。

所以，老板重视和提拔张三的理由，显而易见：他既有应该有的专业积淀，学以致用，又有妥帖的人际关系处理方式。

然而，在同样的环境下，和他一同入职，条件类似的李四，却并没有相同的能力。

因为，能力的获取、功力的积累，都要靠你自己，在生活中的勤于积累、善于分析。练到这种境界，绝非一朝一夕。

## 04

在小学时代、中学时期，我们都有老师跟在后面，体贴地告诉我们，今天要做什么作业，思考哪些问题，明天要做模拟测试A，后天要分析历年真题。

而从小到大，都有家人提醒我们，准点吃饭，天冷加衣，为我们准备衣食住行。

长期以来，似乎我们已经习惯了，生活的各个方面，都有人叮嘱和打理。

直到我们进入大学进入社会，才恍然发现，生活仿佛一册空白的行事历，放在我们面前。所有的待办事项，都由我们自己去填写，并没有任何人能代笔。

我们不能像算盘珠一样，拨一拨，才动一动。成年人，在学习和摄取知识上，应该像会自动运行的计算机程序。

若你聪明但是懒，时时要指导，事事要教你，实际上是增加了别人的沟通成本，老板可能会避之唯恐不及。

我们都知道，时间就像海绵里的水，挤一挤就出来了。那么，知识也是这样。生活中有丰裕的智慧，然而，你得自己动手去挤。

福特前总裁艾柯卡曾说："如果有人光等待别人为他付出，自己却袖手旁观，那就会一无所有。"

生活里，虽然聪明却做懒人，真的没有收益。你要有实力，先要去费力；你要有财力，先要去努力。当你学习已久，积淀已深，才能"厚积而薄发，博观而约取"。

文学家崔敦礼曾言："懦者能奋，与勇者同力；愚者能虑，与智者同识；拙者能勉，与巧者同功。"

只要走心和勤奋，持续努力，哪怕先天不足，亦能一路进取。

更何况，是本来就聪明的你。

## 这三点，决定了你的人生高度

在《欢乐颂》的故事中，五个漂亮的女孩子，都有了不同的成长，在自己的爱情和事业上，有所收获，有所发展。

生活中，我们都希望自己抓到一手好牌，在各个方面，过得顺风顺水，左右逢源。

然而，"五美"的故事告诉我们：每个人的命运，都是悲喜交织，苦乐掺半，没有谁可以一路坦途，一往无前；也没有谁，可以独占世上所有的优点。

但是，只要拥有她们手里的几张牌，成功离你也不会太遥远。

(01)

### 行动力

很多人，对过去的恋情，剪不断理还乱，结果影响了现在的生活、未来的发展。而行动力强的人，则会努力往前走，他们不转身，不回头，处事果断。

智商极高的安迪，在爱情上，一向拎得起、放得下。她和前男友奇点分手之后，立即切断所有联系，没有半分的拖泥带水、藕断丝连。

处理感情，就应该这样：爱就爱，散就散，干净利落不再纠缠。爱的时候，情深意重；不爱的时候，风轻云淡。

分手就是江湖相忘，一刀两断，哪怕她在难过时，要独自对着夜色中的海潮，伤心大喊，也不会再给他发新年祝愿，更不会心心念念，想着破镜重圆。

在感情问题上，有人会迅速挥别自己的过去，也有人会火速追求自己的未来。

譬如，曲筱绡看到赵医生有才有颜，立刻想方设法，要到名片。她主动给他发短信，关心他，嘴甜心暖，还成功要到了他的微信。

朋友不赞同她倒追，她却说，我非常清楚自己想要什么，根本不介意女追男。

吵架之后，她不会耍小性子，端着拿着，故意拖延。她懂得主动出击，也懂得主动道歉。哪怕是刚下飞机，浑身疲惫，也要立刻去找赵医生，约他一起吃个饭。

有一次，赵医生说，只要你把我们的合影发朋友圈，那我就是你男票。

曲筱绡开心得直蹦，当机立断发了出去。她大方、坦然、毫不遮掩，将自己的爱，暴露在天地间。

曲筱绡以前很不爱看书，但为了提高自己的素养，跟他匹配，她很快改变自己的习惯，认真看书到深夜，让她爸爸感叹，士别三日，当刮目相看。

曲筱绡成功追到了花美男，然而，她并不是只沉湎于爱情的人。

她在爱情上风风火火，在事业上也是风行雷厉，很有决断。她说："爱情来得快去得也快，只有猪肉卷是永恒的，绝不能为了一个接触帅哥的机会，而放弃挣钱。"

别人都在过年，她却说走就走，去国外谈生意。她需要报价，就赶紧打遍了国内合作商的电话。当她发现大家都放假了，也没放弃，她争分夺秒去找王柏川，一直说到他同意为止。

为了成功拿下 GI 的总代理权，她死磕术语，埋头苦干。听说合作伙伴有饭局，本来都要休息的她，毫不含糊，立刻赴宴。

开公司时，为了攒经验值，她事必躬亲，严格把关。作为千金大小姐的她，绝不娇气，在需要的时候，能迅速穿起工作装，跑到仓库里，监督货物的运送和摆放，检查装箱、打包、贴标签。

这就像《实习生》里的安妮·海瑟薇，一个自主创业的小老板，她想知道产品的包装和派送是怎样的。她不是干等下属汇报，然后居高临下指点江山，而是第一时间跑进仓库，实地指导和体验。

她想到就去做，不犹豫不拖延。所以她的公司才能成为业内翘楚，成长速度让人赞叹。

过去的时代，商界是"大鱼吃小鱼"，现在则是"快鱼吃慢鱼"，唯有火速行动起来，执行自己的理念，才能像安迪和曲筱绡这样，爱情事业都圆满。

一个人的时间有限，光阴促促，人生苦短。

朱自清在《匆匆》中写道："洗手的时候，日子从水盆里过去；吃饭的时候，日子从饭碗里过去；默默时，便从凝然的双眼前过去。"

光阴就是在这些琐事中逐渐消逝的啊，当我们吃饭，发呆，刷着手机，逛着淘宝时，在浑然无觉中，时间就过去了，一去不返，再难遮挽。

生命中，最可贵的是时间，最可怕的是拖延。

就像拿破仑所说的："今日不惜光阴，明日必留遗憾。"

只有不念过去，不畏将来，有了想法立即执行，那么，你的每个明天，才会是崭新的一天。

## 沟通力

管理学中有一个"蘑菇定律"，意思是说，职场新人的待遇，就像蘑菇生长时的境遇：

被丢在阴暗的角落，无人注意，时不时还要被浇上一头大粪，就像小职员要受到无端的指责、批评，代人受过负屈含冤。

关睢尔就是如此。她好心替同事把报告写完，但同事写的那部分出了错。

因为最后的字是关关签的，同事就把责任一股脑儿推给她，让她被领导骂了个狗血喷头,有口难辩。

温婉的关关,即使愤怒,表达方式也很婉转:

她没有使劲顶撞,增加部门的内耗,而是努力消化自己的情绪,寻求安迪的忠告,然后给领导写了一份出色的检讨书,先是还原事实,再是坦然认错,最后提供解决方案。

整个检讨,陈述清晰结构完整,既有真相,又有态度,还有承担,表现出良好的职业风范,这反而让领导眼前一亮,暗自称赞。

初入职场,糟心的事情在所难免,遇到倒霉事,沟通得不好,就是祸从口出,自绝后路,但是沟通得好,就成了出色的危机公关。

沟通力是情商的体现,遇到麻烦,关关这种沟通方法就很妥善。

她不像邱莹莹,会当众揭短撕破脸面,那样会显得情绪成熟度不够,缺少专业人士的分寸感。

她也不像樊胜美,会想方设法推卸责任,那样,即使得到自己想要的结果,会被认为是老油子,世故圆滑机谋权变,让别人不敢对你委以重任,跟你掏心掏肺,披肝沥胆。

像关关这样,自己直接道歉检讨,既让人觉得诚恳可靠,又避免了信息的失真和误传,她选择以文本的方式表达,而不是直接面谈,既可以发挥自己细心的优势,好好组织语言;也避免面谈时,因为害羞脸嫩,说不清话,耽误领导时间。

沟通力不单讲究技巧,还在于根据自己的特点,扬长避短。

这样聪明的关关,这样聪明的你,哪怕像蘑菇一样柔弱不起眼,最后也有得意时,也有出头天。

## 03

## 生活力

邱莹莹出身普通,资质一般,没有安迪的耀眼学历,没有关雎尔的书香门第,没有曲筱绡的巨额财产,没有樊大姐的美貌非凡。

在起跑线上并无优势的她,还经常冒点傻气,所以有一段时间,她的生活举步维艰:

她被主管刁难,被经理误解,被公司开除。失业又失恋的她,重新参加招聘会时,又被严重鄙视:没人肯要她,她精心准备的简历,竟被用人单位扔掉,看都不看一眼。

更糟糕的是,她在招聘会上还遇见了渣男,被他当众甩耳光。

多少人处在她的情况下,会因此沮丧,觉得前途无望,生活无趣,心情一片灰暗。

可是我们的小蚯蚓,遇到困难却不怕困难。乐天达观的她,在挑战面前,很快绝地反弹:

她提升了自己的认知,抛掉了找稳定工作的传统观念,改弦更张。改行卖咖啡之后,她不怕店长的否定和为难,做得风生水起,还成功地拓展思维,做起了网店。

起点低有什么关系,只要够乐观够努力,终究能提升自己的层次,得到上天的宠眷。

邱莹莹总是让我想到,荀子在《劝学》里写的那段话:"蚓无爪牙之利,筋骨之强,上食埃土,下饮黄泉,用心一也。"

——小蚯蚓天生没什么优点,但只要不屈不挠,专心发展,就能打通自己的一条路,从此别开生面,别有洞天。

心有多大,舞台就有多大;心有多宽,视野就有多宽。

最后,她终于在工作上顺风顺水,喜获升迁,成为新店的店长,从底层逆袭到小中产。

除了邱莹莹,欢乐颂里的其他姑娘,也都有自己的心结和困难,而电视外的我们,也没有谁可以过得一马平川一顺风帆。

古人说,人生不如意之事十之八九,只要活着,挫折总是在所难免。

生活中,最能体现一个人特质的,不是他在顺境时,能否春风得意,喜笑开颜;而是他在逆境时,能否重整旗鼓重出江湖,再起东山再傲世间。

这就是最牛的"生活力",它代表了你的抗挫折商,在现实生活中,拼爹拼颜拼资产,都拼不过这一点。

如果天生有个好平台,那确实重要,但如果你自己遭遇逆境时,不努力,想放弃,那别说你有家传的资产,就是有家传的皇位也帮不了你。

南唐后主李煜,遇到挫折时,只会写诗和作画,看宫里的美女跳舞表演;波旁王朝的路易十六,遭遇危机时,只会打猎和修锁,宅在房间好几天。

处理麻烦的事务时,他们不敢面对,不敢改善;喜欢逃避,不想应战。所以,纵然天生富贵,却保不住自己的江山。

而出身寒微的林肯,生活力却超级彪悍,虽然他创业失败,竞选议员失败，参加国会大选又失败；虽然他爱人去世，精神崩溃，又深陷债务危机，却从未放弃。终于，他统一美利坚，成为美国历史上五星级好评的总统。

J·K·罗琳曾写道："决定我们成为怎样的人的，不是我们的能力，而是我们的选择。"

当你选择远方，选择不畏风雨，日夜兼程；而不是选择自暴自弃，畏缩不前，那就终有达成心愿的一天。

爱因斯坦曾经说，成功 = X + Y + Z。X 代表正确的方法，Y 代表艰苦劳动，Z 代表少说空话。

若我们有了正确的交流方法，在沟通力上有发展；有了不畏艰辛的劳作，在生活力上表现不凡；再加上少说多做的行动力，自然会表现卓越，一路领先。

也许你现在对爱情，对工作，或是对人生，处在一个迷茫的阶段，不知道自己的未来在哪里，也不知道应该怎么办。

然而，现代管理之父德鲁克说过："预见未来的最好方式，就是创造未来。"

我们的未来，是我们当下无数个小选择的积累，你只需找到生活中一件对的事，从细微之处，着手去干，你的努力日积月累，就会聚沙成塔，积水成渊。

当你不再思前想后，左顾右盼，而是立刻行动；当你勇于主动沟通，既有分寸又有尊严；当你不怕栉风沐雨筚路蓝缕，不忘雄心壮志宏图伟愿——这样的你，咬紧牙关，挺过难关，就终会发现：总有幸福和爱在等你，如彩虹绚丽，极光耀眼。

## 长大后才明白的三个道理，让你少走十年弯路

在成长的过程中，如水的时间，总会为我们淘洗出一些道理，让我们在生活中，更加通透积极；在职场里，更加游刃有余。

有些道理，虽然简单，却很实在。有想法的你，如果慢慢明白，就能渐渐受益。

### 01

#### 远离身边的闲人

读者水晶，在后台给我留言。她说，自己的工作环境，真的很惬意。

原来，水晶是应届毕业生，刚上班没多久，手头还没接到任务。这时，部门里一些很闲的人就来找她，拉着她一起吃零食，上网，聊八卦，玩游戏，让她大呼，原来上班是这么悠闲，比上学轻松

多了啊!

　　我听了之后,对她说:初入职场,最好离闲人远一点哦。

　　首先,作为新人,刚入职时,即使上级没有立刻交办任务,也要自己去探索,去求教,熟悉公司的组织架构、业务范围、办公系统、ERP,尽快构建自己的专业知识体系。上班时间,是用来自我增值的,切莫跟闲人混在一起。

　　他们混日子,不会挨说,但是你如果跟他们一起清闲,则会被领导批评和注意。

　　因为,单位里的闲人,基本有以下几个类型:

　　一是单位里的老资格,领导不好说;二是有裙带关系的人,领导不愿说;三是表面慵懒,暗藏功名,能出业绩的人,领导不能说;四是胸无大志,随波逐流混日子的人,领导已经不屑说。

　　而你是新人,上司对你会有预期,期待你作为新鲜血液,能为部门带来活力。如果你和闲人一样懒散,他们就会觉得不称心,可能明里暗里数落你。作为新人,上司也会对你留意,看你是否值得培养和投资。如果你整天闲着,被动消极,等于是浪费了自我展示的时机。

　　其次,你跟同事相处久了,难免会有各种摩擦。如果你招惹的是忙人,TA 未必会跟你较真,因为忙人的时间价值极高,不会为了一点纠葛,劳心费力。但如果你得罪的是闲人,对方又是小心眼,那恐怕就麻烦了,因为 TA 有的是时间,在你背后嚼舌根,捅刀子,挖坑设局。

　　最后,最糟糕的一点,跟闲人在一起呆长了,闲惯了,就会染上那种懒散的习气。

行为心理学告诉我们,21天以上的重复行为,就能形成一个固有的习惯。习惯一旦养成,就很难打破,因为维持习惯,永远比改变习惯要省力。而懒散的习惯,会养成懒惰的性格;懒惰的性格,会带来平庸的命运。最后,让你本该精彩的一生,泯然众人矣。到了那个时候,后悔也来不及。

当然,身为新人,肯定会担心,如果没跟闲人一起偷懒,就会被排斥,被孤立。人嘛,多少都会有从众心理。

可是,你真的不用害怕无法融进他们的圈子。因为,闲人多半只能原地踏步。当你提升了自己,得到了经验,就能跳脱目前的圈子,而你所去的圈子,他们望尘莫及。

在生活中,看到闲人,我们最好敬而远之;而看到富人,则不妨怀抱善意。

## 善待身边的富人

看到这个标题,也许有人会笑。在这个世界上,富人不是一直受到尊重和善待吗?

难道我看到一个穿着高定西装,戴着百达翡丽,开着顶级超跑的人,会故意给他冷脸,跟他吵架吗?

可是,这里说的"善待",并不是说外在的礼仪,而是说内在的情绪。

从外表看,大家对富人都很客气。可是在心里,很多人都会有敌意和妒忌:

"哼,凭什么他那么有钱。"

"不就是富二代嘛,有什么了不起。"

"有几个臭钱,显摆什么呀!"

可是,在你对富人产生不友好的想法时,实际上是在潜意识里,阻止自己变成像他那样的人。

物理学告诉我们,两个事物不可能同时占据同一空间。换而言之,如果你脑子里装满了"富人真讨厌"的想法,你就很难觉得,做个富人很不错,并且朝这个方向去努力。

反之,如果你看到那些有钱的牛人,不是满怀抵触情绪,而是态度友善,虚心学习,你就会为自己找到更多进阶的机遇。

我身边的一位创业者师明,就是个很好的例子。

师明家境普通,但是,看到那些富有的自媒体大V,他不会反感,而会欣赏,进而,对他们成功的过程充满兴趣。

所以,在这种积极思维的引导下,他会去网上寻找跟大V相关的资料和信息,找到他们的微博、知乎、豆瓣、简书,去看他们的视频、文章、著作和演讲,了解他们的成长历程。

渐渐地,他学到了很多东西,知道大V起家时,需要具备什么素质,整合哪些资源,经历怎样的程序,抓住哪几个关键节点,在哪些领域同时出击。在自己开始创业时,他就把学到的经验,应用于实际。

这让他的创业之路更加宽广,更加顺利。最后,他做成了人气公众号"富书",经营得风生水起,还成为了作家经纪,出品了畅销书《绝不过低层次的人生》。如今,他成功实现了财务自由,和那些大V,并驾齐驱。

想当年,正是他的思维方式,助了他一臂之力。

人的思维很重要,因为人的潜意识,就像是思维的复印机。它不会分辨,只会原样接受你传递的信息。

如果你传递给它负面的思想:"富人都坏,炫富拼爹骄奢淫逸",你就把这种信念复制进了你的潜意识,它就会潜移默化地阻止你成为一个富人,因为你不想变成这样的"坏人"啊。

如果你传递给它友善的信息:"富人变富,必然有其值得学习的一面",那么,潜意识就会鼓励你去变富,效仿牛人,寻找出路,锐意进取。

你的思想,会创造你的未来。你的态度,会影响你的格局。

当你有了好的思维方式,如果再有了吸引贵人的属性,你的生活,自然会如虎添翼。

03

吸引身边的贵人

我们都期待,在生活中能遇到贵人,让我们少走弯路,帮我们解决问题。

然而，贵人不是平白无故降临的，他们出现与否，取决于我们自己的吸引力。

在游戏《恋与制作人》中，女主角有四个大帅哥帮助、保护，让现实中的女孩子们羡慕嫉妒恨：

这个看似平凡的傻白甜，竟然能有这么好的运气，总是遇到贵人，而且每个人，都对她一往情深死心塌地。

可是，女主角的运气，完全是自己赢得的。

作为一名柔弱的孤女，她绝地求生，怀抱梦想，不肯放弃。快破产的时候，从不愿服输；被打击的时候，仍然会争取。无论遇到怎样的困难，她都会一路打拼，坚持到底。她的生活中，从没有一帆风顺，但她的字典里，从没有一败涂地。

越努力，越幸运。她的执着，让她充满魅力。有了这样的人设，霸道总裁、超级巨星、潇洒警探和英俊教授，才会对她另眼相看，鼎力相助。

游戏世界如此，现实生活，亦是如此。别人在欣赏你，帮助你之前，也要先看看，你是不是足够努力。

进入福布斯富豪榜的传媒人约翰逊，年轻时因为父亲去世，家中缺钱，学业一度难以为继。但是，他的生活中，却出现了慷慨的赞助人，供他念完大学，给他提供工作机会。因为，资助人发现这个孩子，虽然命运坎坷，却努力不倦，自强不息。

汽车大亨福特创办公司时，因为经营不善，两次倒闭。但他却依然能吸引到贵人，为他投资出力，让他东山再起。那是因为，投资人发现，福特为了这份事业，不辞劳苦，不遗余力。

贵人们看到，这些受助者，足够努力足够优秀，所以，跟他们在一起，前程可期。

越是有能力的贵人，越是聪明，他们做事情，讲究性价比。他们投资，就期待回报；他们付出，就期待收益。

你想得到他们的帮助，他们则想找到值得帮助的人。你奋斗，你争气，贵人才会看得起你，看得中你。如果你不肯努力，谁会把自己的时间、精力、金钱浪掷在你身上，做无用功呢？

你努力，才有提升自己的潜力，才有回馈别人的能力，也才有吸引贵人的实力。

你努力，迟早有人愿意和你携手同行；不努力，别人想拉你一把，都不知道你的手在哪里。

当然，努力是件很辛苦的事，但是，那些流过的泪，洒过的汗，滴过的心血，却能让你超越他人，成全你的优秀；也能让你吸引贵人，成就你的业绩。

天道酬勤，人道酬诚。世界上，没有轻而易举，不劳而获；只有种瓜得瓜，种李得李。

这一刻 倾尽全力 这一世 酣畅淋漓
在盛开的时光里 你终将成就碧海晴空的期许
来这里温柔治愈 去世界所向披靡

SHOW YOUR BEST TO THE WORLD

活得优秀　爱得优雅

你的美好　终会让人望尘莫及

# 优质公众号推荐

（排名不分先后）

### 富书

和 200 万人一起升级生活认知

---

### 掌阅读书

关注公众号"掌阅读书"，每天都有经典好书

---

### 悦网美文日赏

在这里重新发现阅读之美

---

### 灼见

讲新知识青年的故事，聚合有穿透力的思想观点和有愉悦感的艺术作品

———— 好书是俊杰之士的心血，智读汇为您奉上20堂写作课 ————

关注"书课联盟"公众号，
"在线课堂"中免费试听

—智读汇系列精品图书诚征优质书稿—

智读汇全媒体出版中心以"内容+"为核心理念，与出版社强强联手，整合一流内容资源。我们关注当下社会潮流和阅读热点，诚向影视公司、小说创作者、励志美文作者征集影视同期小说、原创小说、散文随笔等多种体裁的书稿。

欢迎更多才华横溢、锐意创新的作者朋友加盟，共创全新阅读体验。

出版咨询：13816981508（兼微信）